ちくま文庫

現代語訳 雑兵物語

かも よしひさ 訳・画

筑摩書房

目次

雑兵物語について 09

雑兵物語 上

鉄砲足軽 小頭 朝日出右衛門 36

鉄砲足軽 夕日入右衛門 40

弓足軽 小頭 大川深右衛門 41

弓足軽 小川浅右衛門 44

槍担 小頭 長柄源内左衛門 45

持槍担　吉内左衛門　47
数槍担　助内左衛門　50
旗差馬印持　孫蔵　53
馬印持旗差　彦蔵　54
持筒（担）　筒平　55
持筒（担）　鉄平　57
持弓（担）　矢左衛門　58
持弓（担）　矢右衛門　59
草履取　喜六兵衛　60
挾箱持　弥六兵衛　64
馬取　金六　68
馬取　藤六　72
沓持　吉六　74

雑兵物語　下

矢箱持　矢蔵　78
玉箱持　寸頓　83
荷宰料　八木五蔵　87
夫丸　馬蔵　90
又若党　左助　95
又草履取　加助（嘉助とも）　98
夫丸　弥助　103
夫丸　茂助　109
又槍担　古六　112
並中間　新六　119
又馬取　孫八　122
又馬取　彦八　123

繪解　雑兵物語　129
解説　雑兵上がり　池内　紀　154
かもよしひさ（加茂嘉久）について　加茂たがね　163

現代語訳

雑兵物語

雑兵物語について

『雑兵物語《ぞうひようものがたり》』に出会った時おぼえた感動は何であったのか。ショックとしては思い出せるのに、何故なのかということになるとわからない。おそらく江戸初期の庶民の言葉が、あまりにもストレートに胸を刺したからだろうと思う。しかし、この本は庶民によって編まれたものではなく、さむらいが雑兵を教育する必要上から俗な言葉で書かれたのだということは間違いない。

大槻文彦氏によれば、「天和〜貞享（一六八一〜一六八七）のころ、高崎城主松平信興《のぶおき》（一六三〇〜一六九一）の作」（『口語法別記』）ということになるが、信興は大河内久綱《ひさつな》の子・信綱のちの松平信綱（一五九六〜一六六二）の第五子である。父信綱は、大将板倉重昌（一五八八〜一六三八）が殺された島原攻め（一六三八）を成功させ、由比正雪の乱（一六五一）をおさえた家光の側近ナンバー・ワン、家光の死後は幼い家綱（一六四一〜一六八〇）をたすけて幕府の基礎をつくりあげた大政治家だ。関ヶ原の戦（一六〇〇）の四年前に生まれ、大坂夏の陣（一六一五）も経験したふるつわもの信綱だが、息子の代ともなると世は泰平を謳歌していくさは遠い昔語りとなる。こんな時代だからこそ、武辺の家柄として家臣教育に心を用いたのであろう。歩兵教練の実用書として写本されて伝わった『雑兵物語』が、弘化三年（一八四六）には刊行されて一般に流布された。

編者、成立年代には異説も多く、くわしくふれる余裕はないが、中村通夫氏によると「天和三年（一六八三）以前、明暦三年（一六五七）以後、それも明暦（一六五五～五七）より天和（一六八一～八三）に近いころ」（『雑兵物語』岩波文庫）と推定され、撰者は底本とされた本の奥書通り信興説に近い考えをしめしておられる。他に享保十三年（一七二九）の写本の存在と、享保十四年、この本を幕府に献じたのが信綱の孫で信興の養子となった輝貞《てるさだ》（一六六五～一七四七）であるところから、彼を編者とする説、古川氏蔵本（寛保〔一七四一～四三〕本ともいう）では、信綱の長男・輝綱《てるつな》（一六二〇～一六七二）を撰者に比定している。いずれも決め手を欠くうらみを残しているが、林羅山《はやしらざん》（一五八二～一六五七）が歿し、徳川光圀《みつくに》（一六二七～一七〇〇）が『大日本史』を編纂し始めた明暦三年（一六五七）ころから、寛文（一六六一～一六七二）ころの成立であろうことは推測に難くない。寛文三年（一六六三）には殉死が厳禁され、寛文十一年（一六七一）には伊達騒動がおさまっている一方、初代市川団十郎（一六六〇～一七〇四）が江戸に荒事をおこし、大坂で坂田藤十郎（一六四七～一七〇九）が和事を完成したという時代背景のなかで成立したのが『雑兵物語』なのだ。

ともあれ島原の乱以後、大規模な国内戦を経験したことのなかった諸藩の足軽大将や足軽組頭などが必要から筆写をくり返し、幕末には多くの諸本を残すことになった。そのうち浅草文庫本を底本としたものが昭和十七年に岩波文庫から出され、弘化三年刊本と東京国立博物館本で異同を訂した『図巻雑兵物語』（監修浅野長武・校註樋口秀雄　人物往来社）が昭和四十二年に、金田弘氏の索引（『雑兵物語索引』昭和四十七年　桜楓社）と、弘化本の研究と索引を一本にされた深井一郎氏の仕事（『雑兵物語研究と総索引』武蔵野書院）が昭和四十七年に出版されている。これらはいずれも国文学・国語学者の側からのアプローチで、『雑兵物語』の絵巻としての面白さの紹介には欠けるところがあると思われたので、あえて挿絵をつけて訳を始めた。それともうひとつ、この写本や刊本は黒船来航（嘉永六年・一八五三）まで兵士のための実用書として使用されていた、という点にはふれられることがすくない。

ペリーを迎え討とうとした各藩兵の手にした銃は、ヨーロッパではとうの昔にすたれてしまった火縄式であった。どうしてこんなことになったのか、島国の特殊な兵制を見ていく場合、雑兵の問題は欠かすわけにはいかないものだろう。

クラウゼヴィッツ（Karl von Clausewitz 一七八〇～一八三一。プロイセンの軍人。ナポレオンのモスクワ侵攻の際ロシア軍に属して大勝帰国後プロイセン陸軍大学校長。主著

『戦争論』はエンゲルス、レーニン、毛沢東にも大きな影響を与えた）によると、十七世紀なかばのヨーロッパでは封建的臣従による義務兵役のかわりに、租税を納めた者の兵役を免じてその金で傭兵《ようへい》を募ったという。しかしロシア・ハンガリーなどでは最下層民に限って人頭税的な兵役義務を残して貴族が新兵を調達したらしい。この非封建的兵制にあっては軍は内閣の道具であり、軍の建設・補充は政府の財源でなされたが、兵役免除の代償として税金をとっているのだから、兵士の日常の給養まで国民に負担させることはできない。これも内閣の出費になるとしている。このような軍によるいくさを研究しつつ、攻撃と防御・前進と退却・勝利と敗北といった二元論を展開し、戦争は強力行為による政治にほかならないと結んでいる。

十七世紀ごろの日本のいくさのありようはどうであったか。陰陽師まがいの軍師（毛利軍における安国寺恵瓊《えけい》〔?～一六〇〇〕、徳川家康における天海僧正〔一五三六～一六四三〕のように）が占った吉凶に指導され、精神主義に凝り固まる兵学者に高給を払って召し抱えの兵士を教育させ、将は開戦合図の矢合わせの故実を学び、首実検《くびじっけん》の礼法に終止するといった大時代である。しかしさむらいだけでは戦争はできない。大名から知行地をもらっているさむらいは、土地の年収に応じた人数を軍役として負担しなければならなかったが、その人員を自分の使役人や領地の農民町人から調達するか、足りなければ、渡り者を雇いいれるしかなかった。彼等の衣食住から武装まで、当のさむらいの出費だからたまらない。貧窮に耐えることが軍陣の第一の心得とされたのは当然だが、強い兵士であるためには臆病心をもたないことと、上司への絶対的忠誠が教えこまれる。物資が不足すると、たとえ味方であっても隣の部隊からかっぱらってきても間に合わせる根性と、空威張りという軍人精神は、雑兵教育から始まったともいえる。こんなことになったのも、兵士たちの糧食・薪・水・武具がすべてさむらいの個人持ちであり、行軍・在陣の日数分だけ自身の領地から運搬しなければいくさにならなかったからだ。また、これらの物を運ぶのも馬と人間だから馬の餌も人夫の飯もこの上にかかってくる。

山のような荷物をくくりつけた乞食の群のような行列が、山河を越え、海を渡って戦場をめざして歩いていく。彼らにとって最大の敵は飢えだ。行軍中に糧食を喰いつくしてしまうと、友軍からだって奪わなければならないし掠奪もあえてする勇猛心、自分たちの部隊だけを偏愛する連帯感と、問答無用の忠義立てだけが身を守ってくれるのだ。ひとりのさむらいに、そんな思いのいくさの目的も知らされぬ雑兵が十人、二十人とくっついて歩いていくことが部隊であり、部隊が並列的に編成されて軍になり、軍が配置されて軍勢となるわけだ。こんな軍勢が宿営し、生活することが陣だろう。ひとりのさむらいは、着替え・消耗品・洗面道具から髪結い具・自分用の弓・鉄砲から銭・役職に応じた什器・筆墨のたぐいまでかつがせる数人の小者を連れていて、身のまわりの世話をさせたり、身の安全を保つために使役する。さむらいの乗馬も国もとから牽《ひ》かせてきたものだが、馬の世話をしたり餌を喰わせるために何人かの馬取りが必要だ。この大多数が非戦闘員といってもいい非能率きわまりない軍団を貫ぬいている思想は、身分や役職らしくつくろわなければならぬという儀礼的倫理と、死んだあとで恥ずかしいことになりたくないという見栄だろう。日本の甲冑は死に装束だとしても美々しく飾られ過ぎている、というのがその証拠だ。

ともかく、近世日本のいくさはさむらいだけのいくさではない。軍勢の中の大多数を占める雑兵たちによって戦われてきたといっていい。鉄砲の伝来は武士の道を弓矢の道ではなくしてしまい、首討ちとり戦を射殺戦に、一騎当千の勇者のいくさを手足満足だけがとりえの凡夫の戦いにしてしまった。戦争の主力である凡夫にいくさという勇者の道を理解させるには、むずかしい言葉は役に立たない。わかりやすい絵解きと日常語で説かれる必要がある。『雑兵物語』はまさにそんな実用から編まれた書だったし、それは雑兵たちが出てきた庶民のくらしをかいまみさせてもくれる。ここに登場する雑兵たちは、幕藩体制下では士族の下に組みいれられ、足軽として与力とか同心という身分を与えられる者たちだが、彼らはどこからきて、どんなふうに生きたのだろう。

笹間良彦氏によれば、雑兵の発生は源平争覇のころであろうといわれる。荘園や寺社領を護らなければならなかった一族一党の下僕として、奴隷よりちょっと上のものとして発生したのであろう。おもに腕力で主人に仕える男たちにとって、乱世こそ恰好《かっこう》の時代だった。源平合戦のさなか、主人の馬を牽き、楯《たて》を並べ、時には敵を射落し、薙刀《なぎなた》で馬の足を払い、屋形や陣の土塁《どるい》を築き、戦死者の死体取り片付けをする男たちは是非とも必要であった。しかし弓矢が武士の表芸であるあいだは、雑兵が積極的戦力にはなり得なかった。笹間氏は、雑兵・悪党・野伏せりが武士の大軍を敗走させた初めてのいくさとして、楠木正成（?〜一三三六）のゲリラ戦をあげている。この戦いで、弓矢を持った騎馬武者も地の利を心得た徒歩兵の前には無力であることがはっきりし、一騎打ちよりも策に心を用いた集団戦へと戦術そのものを変化させることになった。これら雑兵たちの得意は武術や儀式や道理ではなく、破壊・放火・かっぱらいであった。敵の戦意を失わせ、混乱におとしいれるのにこれ以上の方法はない。特に掠奪は収入源でもあったから、生命がけでやってのける連中だ。貴重な文物が盗まれたり兵火にかかったという歴史は、雑兵の仕業の歴史そのものだろう。そのうちに臣従するというより、傭兵に近い者どもが集団をつくり、悪党と呼ばれ、時には政府に、ある時は謀反人に手を貸して山野を駈け、旗色がよい間は忠実に、敗色が見え始めるとサッと逃げ散って生命の保全をはかるか、ひそかに敵に寝返って今までの味方を攻めて恩賞を受けとる。雇う方も常時喰わせておく手間がはぶけるし、何よりも暴力のプロであるこの者たちは、いくさが終ればいつでもクビにできる便利な存在だったに違いない。ひといくさ終ってあぶれた雑兵たちは、またもとの山賊や野伏せりのくらしにもどればいいのだが、いつもうまい仕事がころがっているとは限らない流浪のくらしはさぞかし不安定なものだったろう。

応仁の大乱（一四六七〜一四七七）以後、いくさが否応なしに集団戦になってくると多くの雑兵が必要になるが、雇い主としては素姓の知れない、いつ寝首をかきにくるかもわからぬ者ばかりでは信用できない。平時には最低の生活給を保証して家の子に準じた扱いにし、それだけではうまみがないので軍役の時は特別手当を与えて直属の雑兵グループへの組みかえをはかるようになった。これに応じて野宿ぐらしを捨てて仕官する者もいたが、あくまでも当人の能力が買われてのことだから一代限りの雇傭であり、世襲で仕える家臣とは別の身分だった。

また、特定の主人を持たない雑兵軍団も生まれて野武士と称したが、彼らは半分帰農したような半分山賊のままのようなくらしをしていた。野武士は頭領にひきいられていて大名からの注文に応じて人数をそろえ、各自武装していくさに参加したが、給料はまとめて頭《かしら》に渡され仕事が終ってから分配をうけた。頭は戦利品の分配権も持っていたし、水増し請求や死亡者の受けとり分の着服などもはいってくるから結構裕福で、下手な大名より勢力を持つ者が現われたが、なかでも有名なのが蜂須賀小六《はちすかころく》（一五二六〜一五八六。安土桃山時代の武将）であり、服部半蔵《はつとりはんぞう》（一五四二〜一五九六。江戸初期の武将）であり、柳生一族であろう。このように野にひそむ武装集団はいくさもさることながら、最も得意なのは忍びであった。もともと社会の最下層から出た者たちだから庶民に変装するのはわけのないことで、人ごみにまぎれこんでの情報蒐集、デマゴギー、逃亡はお手のものだし、地理特に抜け道にくわしいから案内役や物見には重宝な存在だった。

他にも寺領から生まれた根来衆《ねごろしゅう》（紀伊那賀郡の根来寺の僧兵を中心とする軍事集団。鉄砲伝来以後卓越した鉄砲隊を編成、織田信長・豊臣秀吉に抵抗し一五八五年秀吉の討伐に一山灰儘に帰した）や雑賀衆《さいがしゅう》（紀伊雑賀地方の土豪・国人衆。彼らは石山本願寺の兵力補給基地として信長に対抗、一五八五年秀吉に攻められて滅ぶ）というグループもあった。もとは僧兵、地侍の一種だったが、堺に鉄砲が伝来してからは、火薬術や銃砲術のプロとして各地の大名に技術指導してまわることで有名になった。彼らが全国に鉄砲をひろめたことで、雑兵戦がいくさのなかで重要な意味をもつようになる。

雑兵といえば鉄砲、鉄砲といえば足軽といわれるほどになったが、何ぶん鉄砲は高価な武器だから個人所有はむずかしく、大名が大量に常備しておいて射撃だけを雑兵にまかせた。射撃の特技を持った雑兵はいくさの最重要部分をになっているのだから、主人としては終身雇傭にして身近に置き、いくさの第一線部隊をつとめさせたいと考えるようになった。

鉄砲足軽は、いわば雑兵中のエリートで手当も他の足軽にくらべて優遇されていたが、さむらいから見ればやはり奴隷のちょっと上に過ぎない。喰いものを自分でつくらなくても済むというほどの給料、住居はさむらい屋敷のまわりに小屋を建てて棟割り式に住み、着物は膝までのおそろいの布子《ぬのこ》を支給されるが、草履は許されずいつもハダシというくらしだった。それでもいくさにおびえながら百姓をしても、収穫はいつ掠奪されるかわからないという生活に嫌気がさした者には魅力的で、最下層でもかまわないから支配する側にまわりたいという若者が出世の第一ステップとして就職志願してくる。

雑兵の生活の特徴は貧乏である。兵士の一人扶持《ぶち》というのは、一日五合の米を喰うとして年間一石八斗二升五合、ふつう二人扶持と三、四石の米が買えるくらいの銭が給料だが、銭で塩・味噌・薪・炭・油を買い、ふだん着るものも何とかしなければと考えただけで足が出るくらいの薄給、嫁をとるなど思いもよらぬというのが実態のようだ。小屋のまわりにウコギを植えて生け垣にするのは、若芽をつんで喰うというのもさることながら、高価な茶を買えない下民が茶のかわりに飲むウコギの葉を干して売るためなのだ。朝八時に昼飯、午後四時には夕食と一日二度玄米や麦を喰うのがふつうだが、それにも事欠いて小頭の女房に茶漬けを恵んでもらい、やっと飢えをしのいだのが浅井家の足軽与右衛門、のちの藤堂高虎《とうどうたかとら》（一五五六〜一六三〇。安土桃山時代の大名。関ヶ原の戦・大坂の陣には徳川家康に属す）だったという話が残っているくらいだ。『おあむものがたり』（関ヶ原の戦の折、石田三成の大垣城にあった山田去暦《きよれき》の娘が体験した事を記したもので、享保十五年谷垣守の奥書のある本が伝わっている）の山田去暦は石田三成（一五六〇〜一六〇〇。安土桃山時代の武将、豊臣氏五奉行の一）家中で三百石どりの中流武士だが、一家の者は日に二度たきこみがゆを食べるだけで間食や夜食はとんでもないことだった。鉄砲射ちに出かける時だけは弁当を持たせなければならないので固目の菜っ葉飯をたいたが、家中でおしょうばんを楽しみにしたという。長女は十三歳の時自分で織り、露草の花で染めたひとえの着物が一枚あるきりで、十七歳になるまでずっと着ていたが、身体が大きくなって膝が出て恥ずかしい、せめて足の見えない長さのひとえものが一枚だけほしいと思い続けていたという。三百石どりのさむらいというと、幕藩時代なら雑兵足軽の六人も抱え、数人の下働きにかしずかれてくらす身分だから、その雑兵のくらしの貧しさは推して知るべしだ。

足軽の年俸は大名家によって違うが、一貫文から六貫文くらいまで、平均三貫文といったところか。いくさに出れば同額の戦時手当が支給されるから二倍にはなる勘定だが、平時はこれっきりである。三貫文という銭で買える米は平均して六石くらいだが、徳川の天下になると麦が二石・米は四石というのがふつうの足軽の給与で、年功序列も昇給もないから、経済成長にともなってむしろ減給されていったことになる。それでも足軽は米の方が多いのは救いで、士分の者だと麦と米の比率が逆になってワリを食うことになる。なまじ士分の者は、足軽をあずけられて給料の一部肩替りをさせられたり、ロクなことはなかったが、足軽の給料をまとめて受けとり分配する権利があるから、サジ加減ひとつでピンハネしたり、依怙ひいきのうまみもあったろう。

雑兵たちは役目ごとに物頭《ものがしら》に支配され、二十人くらいがひと組になり、直接には組の小頭に管理監督されていて、足軽の任免や冠婚葬祭の許可、給料米の分配や勤務の手配すべて小頭を通しておこなった。これはもう完全な管理社会で、農民よりちょっと上という身分を守るために汲々としてくらす割には、余りにもすくない報酬、あまりにもきびしいしめつけだった。何よりもこわいのは、永のおいとま、つまり失業で、一代限りの仕官をなんとか自分の縁者に譲り渡して新規お召抱えにとりたててもらい、支配側最下級の家名を継がせたい。そのためには小頭に絶対頭が上がらないというくらしを親・子・孫と代々続けることになるのだ。

軍事要員としての雑兵の役割は泰平の世には用がなく、行政事務の補助員をつとめることになり、与力《よりき》・同心《どうしん》の名で呼ばれるが、一代抱えの足軽組子のうち長老格が小頭にえらばれて馬に乗ることを許され与力、他の組子は徒歩《かち》同心というわけである。勤務は軍務に関する番方《ばんかた》と、行政にたずさわる役方《やくかた》があったが、同心はそれぞれの役のさむらいの下に配置されて、警察と内政の末端となり、庶民と対峙していく。労働時間はふつう二日勤めて一日の休みだが、連日勤めの場合は、八重勤めといって役所から昼食分の米が二合五勺支給されるので、くらしの足しにもなったに違いない。

勤務の内容は、先手組のように戦時は第一線部隊をつとめる組の場合、陣中警備・消防隊・かがり火番・大荷駄隊・道具持ち・陣地設営などに従事するのだが、城や屋敷の普請をする時は堀を掘ったり、石を積んだり、木組みをする土木も仕事のうちだった。平時の仕事はまず門番、ついで城内警備、奉行手下として警邏《けいら》や巡察、討首や獄門の立合いをするし、事務官の下役として代官所に出向したり、主人の行列のお供をつとめるのも大切な役目だった。この他書類運びや私信の配達、刑事とスパイの両方やらされた上に武術の訓練を受ける義務まであるのだ。安い給料でボロボロになるまでこき使われても身分の保証はない。失敗するとポイであるうえ、与力も同心も士分ではないから百姓・町人と同じく奉行所で取り締まられるという哀れさ。外出時にも公然とは下駄も傘も許されず、雨が降ればまんじゅう笠に合羽《かっぱ》をかぶってハダシで尻はしょり、白足袋などは絶対駄目である。刀を二本差していても最低給料は三両一人扶持だからサンピンと馬鹿にされ、雨の日はいつもハダシでビショビショ歩いているから町人からさえビショとあだ名されるありさまだ。雑兵の子孫たちはそんな扱いを受けても足軽を止めない。いや止められないのだ。来年、再来年の給料まで担保にして商人から金を借りてしまっているから、役得にありつける勤務をじっと待つのみである。腕一本で一国を切りとった昔の雑兵、悪党の面影は夢のまた夢、このつましいくらしをしっかりと孫子の代に譲り渡せるように、まじめ一方というより、何のミスも発見されないように勤務時間をやり過ごし、小頭にはうまくゴマをすって、思い通りの円満な代替りを期待して隠居届けの日を待つのだ。こんなあわれな雑兵では、一朝事あったとしても、いくさの役に立つとは思えないからこそ、まさかの時のために本来の仕事である軍務のことを何とか教えこんでおかなければならない。この目的にかなう書物は江戸時代を通じて

『雑兵物語』以外には見当らない。大坂の陣、島原の乱という近世集団戦を戦った経験から編み出された実証的いくさ教本として雑兵それぞれの役割りと、それらの連携を語って余すところがないといえよう。『雑兵物語』と同時代の儒者熊沢蕃山《くまざわばんざん》（一六一九～一六九一。京都の人で中江藤樹《なかえとうじゅ》に陽明学を学ぶ。備前侯池田光政の執政）や後代の山鹿素行《やまがそこう》（一六二二～一六八五。会津に生まれ、江戸に育ち、儒学を林羅山に、兵学を北条氏長らに学ぶ）らが、何も生産しない武士が何故人の上に立ち高い給与を受けとれるのかということを、倫理的・道徳的に言い訳する「武士道」論が子供だましに見えてくる。しかし、いかに立派な書物でもそれが実用に供される書物の場合、技術革新が進んだり、社会的必要性が変化すると無用の書になってしまうのが通例だろう。

外国では火縄銃は火打ち石銃にとりかえられ、火打ち石銃は雷管銃に追われ、雷管銃には金属薬莢《やっきょう》が装塡《そうてん》され、今や連発銃を使用している時代、弾丸の威力が強烈すぎて甲冑は何の役にもたたないから、かえって軽装にして行動の自由を確保する。こんないくさをし始めていた十九世紀なかばの世界で、日本ではまだ『雑兵物語』が有用の書であったというのは異常なことだ。

まるで時間が止まってしまったように、品川の浜へ幔幕《まんまく》を張り、甲冑に身を固め、定紋打った陣羽織を一着し、采配をにぎりしめて海をにらみつけるさむらいのうしろで、鉄砲同心は十六世紀なかばに伝来したまま、ただの一度も改良されなかった火縄銃をかついでいる。

フランスではルイ十四世の治世にあたる頃書かれた『雑兵物語』は、万有引力も百科全書も産業革命もアメリカ独立もフランス革命もナポレオンも七月革命も二月革命も太平天国も知らぬ兵士たちの、行動の規範であり続けているのだ。それはS・F的ともいえる恐ろしい風景に違いない。七十年も前に発明された蒸気船を、今初めて見ているにしては現実を直視しているとは思えない。これは夢なのだと思いこもうとするうつろささえ感じられる。二百五十年の平和というのは国民にとって果して幸福なことであったのだろうか。先祖代々骨がらみになった貧窮と卑屈きわまる人生の代償が目の前にした黒船なのだ。そしてもっと残酷なことには兵士が忠誠を誓う政府は、すくなくとも十五年後に転覆する運命にあるということだ。

それでは『雑兵物語』に登場するような男たちはこのまま消えてしまうのだろうか。歴史の流れを押し留めようとする有能な幕府官僚のおかげで若干の手直しがはかられ、長崎町年寄高島秋帆（一七九八〜一八六六）によって、十年ほど前に実験された高島流調練をむし返し、二年後には講武所を設置（安政三年・一八五六）する。しかし股引脚絆がダンブクロ、陣笠が韮山笠に変わっただけで中身は同じだった。いくら新式銃を渡されても腰の刀を捨てるつもりはさらさらないのだから。ペリーから九年たってフランスから士官を招き、教練（文久二年〔一八六二〕陸軍奉行をおく。元治元年〔一八六四〕歩兵奉行をおき徴募兵をつのる）を依頼した。なぜフランスからかという裏に、おかしな誤解があったように思える。パリの万国産業博覧会（安政二年・一八五五）のころ幕府の外交官は、皇帝の名前を聞いて感激する。ナポレオン三世（皇帝在位一八五二〜一八七〇）だというのだ。いくら世界の辟地日本でも、ナポレオンという豪傑が大王になったという話は伝わっていたから、ナポレオンという姓を世襲的感覚でとらえても無理はない。その後ナポレオン一世（皇帝在位一八〇四〜一八一五）が島流しになってブルボン家が復活し、七月革命（一八三〇）で手直ししたが、二月革命（一八四八）で共和制になり、共和国大統領になったばかりの男がクーデター（一八五一）を起して皇帝を名のっただけというようなことは思いも及ばなかったろう。ともかくヨーロッパ世界をひづめにかけて蹴散らした男の血をひく皇帝から軍事教師を派遣してもらうのが、幕府軍強化に最上の策だと思われた。しかし招待されたフランス士官たちはボナパルトもブルボン家も知らない世代だった。むしろ産業革命や農奴解放の波に洗われ、共和制の中で成人した軍人である。彼等はこの国に国民軍をつくろうと試みた。

またクラウゼヴィッツに登場してもらうと、侵入者の防御には国民総武装が有効だと積極的に評価している。革命分子に利用されやすいとか労多くしてそれに価する成果が期待できないという反対論をしりぞけ、防御する側の国民軍が勝利する条件のなかで、防御戦がもっぱら国内で戦われること、地形が他から近付き難い断絶地であること、もちろん四辺海にかこまれているのもそのひとつの条件だが、貧しい人間の方が強いと説いている。フランスの士官たちは三十年前に書かれ、ナポレオン軍を敗走させたこともある将軍の本を読んでいたに違いない。クラウゼヴィッツの説を日本の条件に適合させたうえ、二年後には国民軍の編成をすすめ、関東一円の百姓町人を集めて幕府直属の歩兵部隊とし洋式訓練を施した。つまりフランス士官は、さむらいから士分扱いもされずただの小役人になってしまった与力・同心を武力として信用せず、むしろ国民全体から徴募するという道を開いたのだ。これはむしろ戦乱の世に雑兵が登場した時の状態に似ているといえよう。この歩兵部隊には戦国の雑兵と同じように多くのならず者が入りこんでいた。質朴な百姓中心に集めるつもりが人数がそろわず、こんな結果になってしまったのだが荒っぽいことこの上ない。西の丸や神田三崎町に屯《たむろ》しては集団で遊びに出かけ、その度に、市中警備の旧雑兵与力・同心とイザコザをおこし、浅草の芝居小屋で一戦まじえたり、客のいる吉原を一斉射撃してうっぷんばらしをするというような連中だった。共和国育ちの将校が心を砕いた国民軍は、旧雑兵と新雑兵とに分裂して血を流すという結果しか生まなかった。のちにも与力・同心クラスの卒族の多くが警官になり、士族中心の薩摩私学校党をこっぴどい目にあわせたり、庶民中心の徴兵兵士と何かにつけて対立し各地で流血の乱闘事件をくり返すことになったのも、根はこの辺にあるのかもしれない。ともかく雑兵物語の男たちの末裔のうち、旧雑兵は警察業務の手先きになり、新雑兵は常備軍というより乱暴者集団になり、まっぷたつに分裂してしまったのは確かである。

明治と改元された時、東京の治安は最悪だった。旧幕府の奉行所配下も歩兵隊も五稜郭へのがれた以外はバラバラになっていたので、東京に駐屯する各藩の藩兵を府兵に採用して軍事警察にあたらせた。しかし、武器も服装もまちまちで裸に上衣をひっかけただけで、抜身の刀や槍をぶら下げて威張り散らすといった手合い、庶民はかえって迷惑したようだ。大名領地では足軽たちは藩兵か捕亡吏になっていたが、版籍奉還（明治二年・一八六九）で臣従の形はめちゃくちゃになってしまった。明治三年（一八七〇）全国的に兵制を統一して士族は士官に卒族が兵になり、それ以外の者からの兵の採用を禁止した。明治四年（一八七一）には薩摩・長州・土佐三藩の兵が天皇の新兵として近衛兵のもととなり、軍警制度は廃止されて東京にポリス三千人が採用されて警備についた。このうち千人は西郷隆盛（一八二七～一八七七）が、もう千人は川路利良《かわじとしよし》（一八三四～一八七九）がそれぞれ故郷鹿児島で若者を募集し、あとの千人は勤皇方諸藩で募集されたが、大半は卒族の出身だった。明治五年（一八七二）には全国民から徴兵するという詔勅が出て翌年には実施された。最初はほとんど敵兵という志願兵でまかなわれ、免除してもらいたい者は金を払えばよかったが、士族は士官、兵卒は平民というパターンは変わらなかった。明治七年（一八七四）東京に警視庁が設置されたが士族は警部以上に、卒族は巡査にふり分けられた。このめまぐるしい変転のなかでもゆるがなかったのは士族と卒族の峻別であり、卒族の平民を見下す習慣だった。四民平等などは名ばかりで、軍務と警察の当事者にとっては封建社会のシャッポが征夷大将軍から天皇にすりかわっただけの変化に過ぎなかったといえる。卒族にしても粗暴をよしとする雑兵気質と、幕藩体制からひきずってきた小役人根性は、急浮上した薩長方、没落した徳川方という屈折を加えていよいよ陰湿になっていったのだ。明治以後の日本も封建制度の社会だといえば簡単に論破されるだろうが、軍と警察の創立に封建制が骨がらみであったことは否定できない。そのうえ立憲君主国になったことすらあやしくなる。何故なら「階級による支配」を「法秩序の支配」といいかえても、法の中枢への入口は「階級」にしか開かれなかったから、憲法が本来の法の精神に沿って運用されるべくもなかったのだ。士族が官僚となり卒族が軍と警察の現場を押えて、自分たちの都合で国家づくりをしてしまったのだろう。現に政府に勤務する者の心がけなどは、徳川家から申し送りをうけたのではないかと思われるくらいそっくりなのだ。

こういう社会に新しく雑兵として組みこまれた平民出身の兵士たちは、さむらいにとり立てられたような錯覚に陥ってはしゃいでいた。旧卒族出身の巡査は上を士族に押えられ欲求不満のはけ口を平民に向けたが、特に平民のくせに自分たちより強力な武装をして兵士面をしている連中を許せなかった。度重なる衝突はエスカレートして乱闘をくり返し、双方の仲間が駈けつけては流血事件を重ねた。巡査は小役人根性で重箱の隅をほじくるように立ち小便や蛮声をとがめだてし、血気盛んな兵士は雑兵根性まるだしで牙をむく。軍の上層部も最初は元気のいい奴らだと眺めていたが、明治十一年（一八七八）の竹橋事件で顔色を変えた。近衛砲兵が週番士官を殺し、発砲放火して、大砲を引き出して兵舎を脱出、赤坂離宮の天皇に面接しようとしたのだからおだやかではない。五十三人を死刑にした上、不満のもととなった西南戦争の戦後処理のひとつとして、戊辰戦争の戦死者を祀る招魂社を靖国神社と改称の上、西南戦争の戦死者を合祀してなだめようとしたが、雑兵の規律が急に厳正になるものでもなかった。明治十四年（一八八一）には憲兵の制度を導入して軍内部のしめつけにのり出し、明治十五年（一八八二）には軍人勅諭を出して雑兵をもののふと持ち上げて道徳教育を開始する。明治十六年（一八八三）ごろから徴兵一本で兵士の数がまかなえるようになったが、兵舎内のしきたりは大伝馬町の牢内そっくりになっていく。牢内のリンチはほとんど兵士のリンチとして復活するが、これを伝えたのは牢内警備の与力・同心や、牢内を知るならず者が内務班の下士官や古年次兵になっていたからだろう。同様に兵役に対する心がまえは外国渡来の理論より、『雑兵物語』の形で具体的に説明されたにちがいない。例えば軍旗に対する過大な思いいれは、戦国以来の旗奉行や旗持ちを軍陣一の名誉とする心掛けだし、貴族でもない士官が個人的に私物行李を所有し、当番兵をつけてどんな場所へでも運ばせるというのは、若党にかつがせた挾《はさ》み箱の名残りに他ならない。矢玉を惜しむ心得は『雑兵物語』以来の日本軍の伝統だし、敵地、味方地をきびしく区別して、敵地では徹底的に掠奪せよと教える古兵は『雑兵物語』の中に原型がある。

日本人というのはどんな改革に出あおうとも知らんぷりができる珍しい人たちなのかもしれない。特にいくさになると必ず元の地金を出してしまうようだ。『雑兵物語』を読めば読むほど、のちの日本軍に似ていて怖いほどだ。確かに武器や戦術はちがってきていようが、考えることといったらそっくりそのままなのだ。日本の兵士教典の名作『雑兵物語』のほとんどは、ついに二十世紀のなかばまで雑兵のなかに生き続けたといえる。

古来、日本の指揮官たちは任免権をもつ公方様や参謀本部の方ばかり向いて戦いを指導することが多いようだ。百姓はしぼれば血が出るが、雑兵からはしぼっても何も出ないと思っていたのではないか。その間にも雑兵たちの血は確実に流れ続けたのに。これからの日本軍がどのような形で編成され戦うにしろ、『雑兵物語』に描かれたような兵士たちで構成され、あのようにしか戦えないのではないかと思う。

ここでふり返って、雑兵物語の生まれた時代や、雑兵が息を吹き返しかかった幕末・維新の動乱に思いをいたすのも悪くはあるまい。そして改めて、幕府お抱えとはいえ五稜郭までつきあってくれたフランス士官や、クラウゼヴィッツの提案した国民軍ということを考え始めてみたいのだ。総力戦といわれた三十五年前の日々を思い出しながら。

また、また、クラウゼヴィッツを引用させて頂く。(岩波文庫『戦争論』(下)より)

「それ(国民総武装)は防御者が会戦に敗れたあとで使用する最後の補助手段である。(略)およそ国家の運命、即ち国家の全存在は、たとえ最も決定的な会戦にせよただ一回の会戦によって決定されると考えてはならない。(略)或る国家が、敵国に比していかに弱小でありまた劣勢であるにせよ、かかる最後の努力を惜んではならない。さもないとそのような国家は魂のぬけた国家と言わざるを得ないだろう。(略)それだから本戦に敗れると、国民をなだめて平和を甘受させることだけを考え、また敗北に対する甚だしい失望に圧倒されて、雄々しい勇気や物心両面における一切の力を奮い起こそうとする気慨を欠くような政府は、いずれにせよ無気力のためにしどろもどろの状態に顚落したのであり、最初から勝者たるの資格を欠くばかりでなく、勝利を得なかったのも恐らくその所為であると断定してよさそうである。」

生まれてからずっといくさまみれだった少年が、いくさ忘れを強制されたけれど忘れていたわけではなかった。そんな一日『雑兵物語』を手にしてからいくさ思いの日々がかれこれ十年。日本人のたたかいを論理ではなく、これから徴兵されるだろう少年たちに伝えておかねばと思った。やっと脱稿して、国語的にはかなり強引なものになってしまったと思っているが、その分絵をわかりやすくしたつもりだ。

東京国立博物館図書室長・樋口秀雄先生には蔵本を心ゆくまで読ませて頂いた。成立年代推定の根拠になっている「槍担　古六」の部「くぬ木」以後「並中間　新六」までは朱点もなく、筆勢がまるで違うし新しい半紙が使用されていながら一緒に表装されていた。他にも「並中間　新六」の「古六古六」から始まり「又馬取彦八」の「短くいうにゑい物を」で朱点は消えていたし、当然ながら刊本における「又」以後の「孫八」の話はなかった。仮名ぐせにも慣れ、朱点、削り跡、虫くいのひとつひとつにも親しみを覚えたころ有難く書庫に御返しした。

弘化三年の刊本や、岩波文庫本が底本として用いた浅草文庫本には、東京国立博物館本のあとに「又」としておそらく孫八の話がつけ加えられているが、この部分は明らかに後年の加筆であるところから、最も古い形のひとつである博物館本を底本として訳してみた。

解説を付けるにあたって笹間良彦先生、稲垣史生先生の御研究に啓発されることが多く、発刊にあたっては清水元彦、飯田義之、大崎文子各氏に御尽力頂いた。末文ながら深く御礼申し上げる次第。

（一九八〇年刊　講談社版『雑兵物語』跋文まま）

かも　よしひさ

雑兵物語　上

鉄砲足軽《てつぽうあしがる》小頭《こがしら》——朝日《あさひ》出《いで》右衛《え》門《もん》

鉄砲足軽　夕日入右衛門

鉄砲足軽　彦六

おれは杖を突っ立てて足軽たちを指図《さしず》する役目だから、さしでがましいとは思うがいうことを聞いてくれれい。いうまでもないことだが、首にひっかけた、喰《く》い物袋のむすび目は、首のうしろえりの真ん中にくるように、左右から引きあわせておかれい。

それから胸の前に喰い物袋の一食分ずつくくり分けた玉があると、鉄砲がかまえにくいもんだ。又ふだん練習場で、的《まと》を射《う》つように、早射《う》ちしなさるな。じっくり心をしずめて、無駄弾丸《むだだま》を射《う》たないように、射《う》ちなされい。命令どおり鉄砲を射《う》つ時でも、鉄砲を入れる皮袋は捨てなさるな。皮袋をふたつに折って弾丸《たま》ごめ棒の替えを、二本でも三本でも、袋につっこんで、右側のうしろの胴につっこんでおきなされよ。しかしたてに差したら、自分の陣笠《じんがさ》につっかかえて具合がわるかんべい。真横に差すと、隣にいる味方の目をついて危いからな、いい具合に差しなされい。敵との距離が遠いうちは、おれが紙薬莢《かみやつきよう》をわたすべい。それを射《う》ちめされい。敵との距離が近づけば、腰につけた自分の弾薬箱《だんやくばこ》の紙薬莢をとり出して射《う》ちなされ。いそいで射《う》てば暴発もするし、火縄《ひなわ》のはさみ方が悪ければ、火薬に点火しないで、火縄の火まで消えたりすることもあるもんだ。もし火縄の火まで消えたんべいなら、替えの火縄をたくさん持って来たから、取り替えてやるべい。鉄砲の中で弾丸《たま》がつっかかえたらば、わしの杖の中に弾丸ごめ棒の太いのを、つっこんで来たから、こいつでぶちこめば、厄介《やつかい》な鉄の弾丸でもつっこめるべい。前列に立った者が射《う》つ時には、次の列の者は火縄を火ばさみにはさんで準備なされい。敵のどこをねらうかということや距離は、一町（約百十メートル）ごとにおれが指図するべい。又まだ敵の姿が見えないからといって、からの鉄砲をかつぎなさるな。必ず弾薬《だんやく》をつっこんでかつぎなされい。馬に乗った敵は、まずその馬を射《う》ってそのあとで人を射《う》つのがよい。時には、乗った者を射《う》ち落とし、放《はな》れ馬にして、敵の部隊を混乱させることもあるべい。敵がすぐそばになったらわしらは左右に分れて、槍《やり》部隊のいくさが始まるべい。弾薬箱の中の弾丸を全部射《う》ちつくしたらば、弾丸ごめ棒はひっこぬいて皮袋にもどし、鉄砲は腰の上帯《うわおび》にひっぱさんで、刀をぬいて敵の手と足をねらって切りつけなされい。敵の真正面から刀でぶつと、お前たちのなまくら刀はひんまがって鉄の鍋《なべ》の柄《え》のようにまがるべい。又敵との距離が遠い時は、鉄砲の筒《つつ》の中を拭《ふ》いたり、洗ったりしておきなされよ。その時でも、部隊の半分の鉄砲には弾薬をこめておいたがようござるぞ。又えらく働いて、息が切れたならば、首からぶら下げた喰い物袋の底にいれておいた梅干しをとり出してちょっと見ろ。必ずなめちゃならぬもんだぞ。梅干しは喰えばもちろんだが、なめただけでものどがかわくものだから、命のあるべいあいだは、そのひとつの梅干しを大切にして、息切れ直しにとり出してちょっと見て、又もとの袋にしまいこんでおきガツガツ喰わないもんだ。梅干しを見てもまだのどがかわくべいならば、死んだ奴の血でも、泥水の上のきれいなところでもすすっていなされ。梅干しはいくさのあいだじゅうひとつで間《ま》にあうが、こしょうの実《み》はいくさに出る日数分だけいるべいぞ。夏でも冬でも、朝こしょうをひと粒ずつかじっていれば、寒さにも暑さにもあたらないですむからな、こしょうは梅干しとちがって、たくさんいるべいぞ。それから唐辛子《とうがらし》をすりつぶして、尻《しり》から足のつま先までぬっておくと、こごえないですむもんだぞ。手にもぬっておけばよかんべいが、ふと忘れてその手で目なんぞをいじったりすると、目玉がえらくうずくべいぞ。

鉄砲足軽《てっぽうあしがる》――夕日《ゆうひ》　入右衛門《いりえもん》

今日《きょう》のいくさは歩いて川を渡らなきゃならなくなるべい、弾薬箱《だんやくばこ》は腰じゃなく首につけべい。彦六《ひころく》の奴はおかしな奴だ。よろいの胴をつけたが、鉄砲の点火薬《てんかやくい》入れをどうつけるかをしらないで、練習場でけいこをする時のように、笠《かさ》をかぶった上から、点火薬入れのひもを首へひっかけべいとするが、ひもが短くてひっかけられないで、とうとうひもをひっちぎってむすびつけた。胴の胸板《むないた》にくくりつければいいものをそれに気がつかないで、おかしな奴だ。あれでは一人前の鉄砲射《う》ちとはいわれまい。それから紙薬莢《かみやっきょう》の火薬は、ただ、弾丸《たま》を射《う》ち出すべいためばかりではない。今度のながいいくさでは野原や山で野宿《のじゅく》もするべいから、大ぜいの兵隊の中には、まむしの牙《きば》でかまれる奴もあるべい時に、すぐかみつかれたところへ、火薬を一匁《もんめ》(三・八グラム)ほどのせて、火をつければ、毒をふっとばして早くなおるわけだ。それでも手当てがおそければ身体《からだ》に毒がまわってききめはないぞ。

弓足軽《ゆみあしがる》　小頭《こがしら》――――大川《おおかわ》　深右衛門《ふかえもん》

まず弓を射《い》る者は、首にひっかけた、じゅず玉のようにくくり分けた喰《く》い物袋のむすび目を、えり首の真ん中へくるように、引きあわせておかれい。胸の前に喰い物袋の玉があると、弓のつるがひっかかって、弓が射《い》られないもんだ。まず弓のいくさが、始まる前に、弓のつるをかけるはじにはずやりという鉾《ほこ》をつっぱめておき、敵との距離が遠いうちは、ひとりひとりが腰につけた矢入れの矢は射《い》ないもんだ。おれがわたしてやる矢を射《い》ておいて、敵が近くなってから、自分の矢入れの矢を射《い》めされい。必ず命令された距離より、遠くを射《い》てはいけない。近くへ射《い》るのはかまわない。練習で的《まと》を射《い》る時より、引きしぼってから二倍の時間をもちこたえるつもりで、射《い》なされい。

弓足軽小頭　大川深右衛門

弓足軽　小川浅右衛門

いきおいこんであたりもしない無駄矢を捨てるような射《い》かたをしてはならぬぞ。鉄砲隊といっしょに並んで鉄砲射《う》ち二人のあいだに、弓射《う》ちが一人ずつ立って、鉄砲射《う》ちが一発射《う》って次の弾薬《だんやく》をつめ替えているあいだに、弓を射《い》なされい。弓も射《い》られないくらい、敵との距離が近寄ったら、弓《ゆみ》隊は左右に分れてそこからねらいうちで射《い》なさ

れい。左右へ開くことができない時は、せめて左側へ開いて、敵の右側から射《い》なされればよい、人は右から攻められると防ぎにくいもんだ。馬に乗った敵は、まず馬を射《い》なされい。矢を射《い》つくして残りすくなくなると、一本の矢を、つがえても引きしぼってはゆるめ、ゆるめては引きしぼり、一本の矢も無駄にしないようによく考えて、むやみに射《い》てはならない。敵がもっと近づいてもう死ぬべいと思う時は、敵に槍《やり》の寸法よりも近づき、相手のすきをうかがって射《い》なされい。それから弓のはじにつっぱめたはずやりで、敵の頬《ほお》当《あ》てや胴のたれのすきまを、ねらって突きなされい。そのあとは、刀でも脇差《わきざ》しでも、都合のいいほうをひっこぬいて、敵の手か足をねらって切りなされい。かぶとの真正面を切れば、むこうが堅《かた》いから刀の刃《は》は欠けるし、切れ味の悪い刀じゃ切れるもんじゃない。骨が折れて苦しいだろうが、敵の間近に攻め寄せて、矢のはずを切る小刀《こがたな》でもいいからしっかり持って、どんなよろいでも針を刺《さ》すすき間もないということはないのだから。敵にしがみついて突きとおしなされい。

弓足軽《ゆみあしがる》――小川《おがわ》浅右衛門《あさえもん》

昨日《きのう》弓のつるを張り替えた時、つるにちょっと折れ目をつけてしまったが、一度射《い》ただけで、つるがぶっきれた。つるはずいぶん、念いりにつくってあるのだが、折れ目が、ちょっぴりついただけで、二度とは射《い》られずにぶっきれた。白つるよりうるし塗りのつるのほうがひどく弱いことがわかった。替わりのつるが残りすくなくなったから、折れ目のつかないように、気をつけてつるを張り替えるべい。それにこの弓は、短くつくってあってちょうど六尺（百八十センチ）ある一尺（三十センチ）ごとに籐《とう》のつるを巻いてあるのは、寸法をはかるためにも、使える弓だんべい。もし物差《ものさ》しのいるべい時には、この弓のつるを下にして、はかればよい。尺籐《しゃくどう》づくりの弓というのはこの弓だんべいぞ。

槍担《やりかつぎ》　小頭《こがしら》――長柄《ながえ》　源内左衛門《げんないざえもん》

槍担小頭　長柄源内左衛門

持槍担　吉内左衛門

みんな腹の中では、考えているべいことだとは思うが、おしゃかさまにはお経、鬼には鉄棒ということがある何かの役には立とうから聞いてくれい。槍《やり》のいくさが始まる前に、槍の鞘《さや》をはずしてよろいの胸板《むないた》へいれておきなされい。槍の鞘が長すぎたら刀をさしたうしろ、腰にひっぱさんだらよかんべいと思うぞ。槍の先頭部隊のうち最初にたたかい始めるのは、おさむらい衆の槍からだぞ。それから槍は突くものとだけ思いなさるな。みんなで気持をひとつにして、槍の穂先《ほさき》をそろえ、拍子をあわせて、敵の槍を上から叩きなされい。必ず突こうとは思いなさるな。しかし一人二人の敵と出会ってたたかう時は突いてもかまわないぞ。槍を持った人数が多い時は、拍子をそろえて、叩くより仕方ないぞ。叩く時は敵の背中に差した旗を、叩き落すつもりで、やればよかんべいと思う。馬に乗った敵には、乗っている敵よりさきに馬の胴っ腹を突き、馬がはねて、敵が馬から落ちたところを突き殺しなされい。敵の部隊を突きくずしたからといって、一町（約百十メートル）以上追いかけることは、いらぬことだと思う。味方の大将の旗や馬じるしと、ひとっところに集って、旗や馬じるしを守っていればよかんべいと思うが、どうだろうな。それからいつも槍の目釘《めくぎ》には気をつけて、いざという時すっぽぬけないようにしなされい。槍の穂先《ほさき》が銅金《どうがね》でとめてあれば、目釘がぬけないように胴金をよくひねりまわしておかれい。ふだんおさむらい衆の槍をあずかる持槍《もちやり》かつぎは、江戸の町なかでは、おさむらいの一番道具をあずかるのだからといって、高い給料をとり、行列の先頭をつとめるが、いくさが始まれば、その槍は主人のあずかりものだから、自分勝手に使うわけにはいかない。主人から借りてみんなが使う数槍《かずやり》は思いのままに、ふりまわさなくちゃならないので、いっぱしのおさむらい衆とかわらない、みんなも腰骨《こしぼね》をよくきたえて、いざという時におくれをとらないようにしろよ。又持槍かつぎは、ぜったいに、その槍を自分で使うようなことをすると、あわて者の腰ぬけだといわれても仕方がないのだから、だいじにひっかつぐだけで、槍を使って働こうなどとしないほうがお手柄《てがら》だぞ。このふたつの槍の使いかたのちがいをよくどてっ腹へ叩きこんでおけ。

持槍担《もちやりかつぎ》――吉内左衛門《きちないざえもん》

銀のかざり金具をつけたおさむらいのお持槍《もちやり》をひっかついでいたが、くたびれて眠っているうちに、槍先の銀の逆輪《さかわ》をひっぱがされて盗まれてしまった。叱られて死刑になるかもしれない。罪人になってしまったからには、申しわけに敵を一匹やっつけて手柄《てがら》をたてたいと思っていると、馬に乗った敵が一騎《き》走って来たので、餅《もち》をつくように、力まかせに馬の横っ腹に槍を突っこむと、逆輪《さかわ》のない槍だから柄《え》がわれてしまった、槍をひっこぬくべいとしたが、逆に穂先《ほさき》のケラ首がひっかかって、槍の穂先のほうが馬のはらわたずけのなれずしのようになってしまったが、すし桶《おけ》は馬の太い胴、すしのおもしの敵は馬から落ちもせず、そのまま槍の穂先をひったくられとられてしまった。こいつは残念なことだ、どうするべいと思っていると、うまい具合に敵がもう一匹あらわれ穂先にかぎのついた槍を持ち、たった今槍で突かれたとみえて、右の目から血を流した、片目でびっこの馬に乗った、みっともないおんぼろざむらいだから、これはうまいぞと思ったが、敵の左から攻めると、かえって槍で突かれるべいと、敵の右側から柄《え》だけになった槍を持ち直し、槍の柄《え》の尻のほうで、馬の骨にあたらぬようにねらって、尻がいの総《ふさ》のあたり股《また》のつけねをがっと突くと、突きそこなってしまって、五間（九メートル）ほどもむこうへころんだが、槍を持ったまま、ころがったのでは、馬に逃げられるだろうが、やりそこなって、槍をはなし、かえって馬がぶっころんだ。乗っていた敵も馬からまっさかさまに落ちてあおむけになったので、寝ている奴の首を切るように、楽に首をとったが、大脇差《おおわきざ》しという刀は首を切るには、ひどく不便なものだ。よろいの上に、小脇差《こわきざ》しを差すというのは、もっともなこんだ。首をとるのは楽なことだったが、馬から落ちて気を失っている敵が目をさましちゃたいへんと、馬乗りになって、左の手で敵の首もとをおさえ、右手だけで大脇差しをぬくべいぬくべいとしたが、刀を差した上帯《うわおび》がゆるんでいて、刀をぬこうとすると鞘《さや》ごと半分ぬけてきた、脇差しの刀身《とうしん》が二尺（六十センチ）あるうえに、鞘がまだ一尺（三十センチ）も残っていて、三尺（九十センチ）もある刀を、片手だけでぬくようなことになりどうにもならない。刀身をねじって鞘を割りやぶってひっこぬいた。ほんとに厄介《やっかい》なこんだ。もうちょっとおそければ、敵が目をさましておれの首のほうが落ちたんべい。今風《いまふう》の刀の鞘は、帯からずり落ちないようにつけるそりづのがうるさいからと、かき落してある。もしそりづのがあったべいならば、うまく上帯《うわおび》にひっかかってもっと早くぬけたべいにと思った、今からでもこの鞘に折れ釘でもぶっつけておくべい、この刀と脇差しと槍は、この首になってしまったさむらいのものだが、この首をとったおかげでおれの首は、胴についていられべいと思えば、うれしいこんだ。銀の逆輪《さかわ》ひとつのことでかさねがさね、命をなくすべいところだった。年をとったさむらい衆の話すには、武具に金や銀のかざりをつけるのはよくないもんだといいなさったが、もっともなこんだ。今よくわかったぞ。銀のかざりのついた槍のおかげでこんな目にあう。金銀でかざった刀や脇差しをもっていると、寝ているうちに味方から首をとられるというぞ。馬の鞍《くら》やあぶみにつけた金具《かなぐ》のかざりは、ひっぱがされてもみっともないだけだが、敵とたたかうのに使う刀や槍に金銀のかざりはいらないこんだ。たいへんな無駄づかいだ。それからさっきやっつけた敵の馬が槍で突かれて、片目がひっつぶれたと思ったが、ほんとはこの首をとられたさむらいの持っていた槍のかぎがあたって、自分で自分の馬の右目をつぶしたと見える。どちらもうまくいくということはないもんだ。槍にかぎがついているとくすることもあるが、馬に乗って使うと、こんな損をする。時と所によって、武具のよしあしがかわるこんだ。

数槍担《かずやりかつぎ》――――助内左衛門《すけないざえもん》

吉内《きちない》よ吉内よ、おぬしのぶんどったかぎ槍はおかしな鞘《さや》をおっぱめているな。なんとしたこんだ。

（吉内左衛門）

この鞘は主人のお持槍《もちやり》の鞘だったが、ご命令があって、いくさの場ではいろいろな道具を捨てないようにしろ、槍の鞘のちいさいのはよろいの胸板《むないた》のなかへいれておけ、槍の鞘の長いのは、腰にはさんでおけ、ときめられているから、さっきとられてしまったお持槍のいらなくなった鞘を、胸板のなかからさがしだしてきて、ぶんどったかぎ槍におっぱめたんだが、味方の他の部隊を見ても、やっぱり槍の鞘《さや》を捨てるなど命令がでているとみえておさむらい衆の持槍かつぎの交替槍《こうたいやり》かつぎが、槍の鞘に大きな鳥の毛をかざったのや、その鳥の毛を二階だてにかざった大げさな鞘を背負っているのもいるし、縄で首にくくりつけた仲間《ちゅうげん》もいる。なかでも、大将の命令を書いた立て札のおおいを背負わされた槍かつぎがおかしいこんだ。笑いすぎてはらわたがちぎれそうになったぞ。近頃、槍の鞘は目だつほうがいい大将の居場所にたてる馬じるしやまといのかわりになるからといって、大きな槍の鞘《さや》がはやっているが、いざいくさが始まると槍の鞘ははずしてぬき身になるのだから、こんどは馬じるしがなくなってしまう、遠くからは大将の居る場所がわからないし、槍かつぎは大きな鞘を背負ってふりまわされ苦労する、どこがよくて大きな槍の鞘がはやるのか、まるでわからない。とにかく槍の鞘は、藪《やぶ》から棒を突き出したようなそっけないなんのかざりもつけない

持槍担　吉内左衛門の働き

のがいい、槍かつぎのためにもそのほうがよいこんだ。

旗差馬印持《はたさしうまじるしもち》 ―――――――― 孫蔵《まごぞう》

（旗差しものや馬じるしを持って）走るべいという時は、柄《え》の先を腰につけた革袋《かわぶくろ》につっぱめて持つべい。ゆっくり進む時は、背中にしょったうけ筒《づつ》につっぱめていくべい。今日は風がえらく強いぞ、柄の途中に手縄《てなわ》をむすびつけて手でひっぱっているべい。いくさがはげしくなったら、馬じるし持ちも旗持ちもいっしょになって敵ともみあうだろうから、この長い柄《え》で、敵が近づくと突きはらってやるべい。

馬印持旗差《うまじるしもちはたさし》――彦蔵《ひこぞう》

旗差馬印持　孫蔵

馬印持旗差　彦蔵

ゆっくり進軍する時は（馬じるしや旗差しものを）うけ筒《づつ》にさしたほうがよい。うんと早く進む時は、腰につけた柄立《えた》て革《がわ》の袋へつっこんで持ったほうが具合がいい。もっと早く進まなきゃならなくなれば、旗をまいてひっかつぐべい。敵を攻めくずしていくさがいそがしくなったべいならば、旗持ちも馬じるし持ちも一ヵ所に集って、長い柄《え》を武器にして働くべい。今おれが背中にひっちょった袋の中には、旗をふたついれて背負っていたが、ひとつはとり出して旗ざおにひっくくりつけた。もうひとつはまだ背負っている。

（孫蔵）

おぬしもそうか、おれも袋にふたついれておいたがひとつをさおにつっぱめて、ひとつはまだ背中にくくりつけている。

持筒《もちづつ》（担《かつぎ》）——筒平《つつへい》

鉄平《てっぺい》鉄平、今おれがひっかついでいる鉄砲は、自分で射《う》とうとは思わぬ。この鉄砲

はご主人のお使いになる鉄砲だからな、この点火薬《てんかやく》入れも首からぶらさげていると紐《ひも》

がれて、ご主人がえりからさげられる時きたならしくては、もっての他《ほか》だ。それから弾薬《だんやく》入れの革箱《かわばこ》もしょっちゅうぶらさげていてはかけ紐《ひも》が汚れてわるかんべいと思って、袋の中へいっしょにつっこんで、腰にむすびつけたが、いくさがはげしくなったら、こんな鉄砲をひっかついでいたんでは働けない、鉄砲足軽衆が持たされた鉄砲のように、弾丸《たま》ごめ棒はひっこぬいて、よろいの胴に差しておき、鉄砲は腰に差して働くべいと思う。

持筒《もちづつ》（担《かつぎ》）――鉄平《てつぺい》

筒平《つっぺい》筒平、おぬしがいうことはもっともなことだ。しかしおぬしは小さい鉄砲をあずかっているから、腰にでも差していられるが、おれが背中にひっかついだ鉄砲は大きいから、とても腰に差してはいられない。その上、ご主人がこの鉄砲をお射《う》ちになったあとで、又おあずかりする時にも、お前の小鉄砲《こでっぽう》を腰に差すようには、そんなに早く背中へ背負うことはできまいと思う、えらく手間どってしまうから、難儀《なんぎ》する。

明日からは大きい鉄砲と小さい鉄砲をおぬしとわしでかわるがわるひっかつぎ肩替《かたが》わりしべいと思う。

持弓《もちゆみ》（担《かつぎ》）――――――――――矢左衛門《やざえもん》

ご主人が使う弓を持つということは、弓足軽衆が貸し出された数弓《かずゆみ》を持つのとは心がけがちがうべいもんだぞ。いくさになればまずご主人用の弓ひと張《は》りとえびらにいれたひとそろいの矢はご主人にさしあげべい。もうひと張りの弓とひとそろいの矢は、弓のつるがゆるんだ時の替え弓と、矢を射《い》つくした時の替えの矢だから、後生《ごしょう》だいじにひっかついでいべいぞ。それから弓を立てる台はもう用がないからといって、捨てるべいとは思うな。じゅず玉のようにゆわえた喰《く》い物袋と三尺（九十センチ）手拭《てぬぐ》いをつなげてむすびつけ、なんとか背中へひっかけて、腰の刀をぬいて働くべいぞ。

持弓　矢左衛門

持弓　矢右衛門

持弓《もちゆみ》（担《かつぎ》）――矢右衛門《やえもん》

矢左衛門《やざえもん》がいうとおりご主人の使う弓を持っているということは弓足軽衆に貸し出

された数弓《かずゆみ》を持つのとは大ちがいだ。自分の役にたつように射《い》るべいなどと思うのは、心得ちがいというものだんべい。今もうひとつ思いあたったことがある。おぬしにいって聞かせべいぞ。いくらご主人の取り替え用の弓や、矢を持たされているからといっても、いつまでもそれをひっかついでいればいいとは思うな。おさむらい衆のうちで手のあいた人があるべいならば、ご主人にうかがって、取り替え用の弓矢をわたして使っていただくべいと思うが、そうなればわしらも手がすくべいから、刀をぬいて自由に働けるべいと思うぞ、どうだ矢左衛門、おぬしはどう思うかな。

草履取《ぞうりとり》――喜六兵衛《きろくべえ》

弥六《やろく》、おぬしは挾《はさ》み箱《ばこ》持ちだったのに、つづら、行李《ごうり》かつぎをいいつかって背負っている。その上、刀も一本差すことになった。おれはご主人の草履《ぞうり》持ちの役目のうえに背負いものまであずかってしょいこんだ。弥六は役目をかわってえらくとくをしたが、刀脇差《かたなわきざ》しの差しかたを知らないらしく、おかしな差しかたをしているぞ。おえらが

草履取　喜六兵衛

たのさむらい衆はよろいの上から刀脇差しを差しなされるが、そのためには皮《かわ》の腰当《こしあ》てや小脇差《こわきざ》しを使ってしっかり差しなさる。弥六や、おれたちは、よろいを着せてもらえるだけでも大ごとだ。腰当てを使うなどということはとんでもない。おれたちのようなまっすぐな刀をよろいの上から差したら、二尺（六十センチ）ほどの刃わたりの刀もぬくことができないもんだ。おれがぶっ差したように差せば、五、六尺（百五十〜百八十センチ）の刀でも楽にぬけべいぞ。まずよろいの着かたを、おれが見せべいぞ。よろいを着る前に刀脇差しを帯に差し、そのあとで、羽織《はおり》を着るようによろいをかぶって着るもんだ。日本の国中がながいあいだ平和で、刀の刃を下向きに差してぬきやすくすることもなくなった近頃は、鉄鍋《てつなべ》の柄《え》のようにそりかえった刀はおかしい、そりが強いと歩く時かかとにあたるからと、おえらがたのおさむらい衆もご家来衆も棒のようにまっすぐな刀を差される。そんな刀をよろいの上帯《うわおび》に差しているから、なかなかぬけないで、敵と出あってしまってからぬくべいとしても、半分ぐらいはぬけても全部はぬけないので、刀の中間《ちゅうかん》を素手《すで》でつかんでぬこうとして、手を切ったり、やっとぬいた刀もちゃんと持っていないから落して自分の足を切る者もあるが、仕方なく小脇差《こわきざ》しをぬいて片手で切りつけべいとすると、よろいの上から切りつけるのに片手切りではとても無理だから、刀の刃がぶっ欠けて、どうにもならなくなって、たたかえない者も多かった。そんな中でひとり、もう刀はぬけないとあきらめて敵に駆《か》け寄り、力まかせに組みついて、下になったり上になったりごろごろころがっていたが、押し倒されたので、脇差しで下から突いてやるべいと、脇差しをぬくべいぬくべいとしたが、いくさの時は何でも目立つほうが強そうに見えてよいと、脇差しに大きな釜《かま》のふたのような大つばをつけそれに金箔《きんぱく》のかざりまでつけていたので、その大つばがひっかかって、脇差しがぬけないでいるうちに、すぱっと首を切られた。又もうひとりは、やはり組み打ちになってたたかううちに下に組み伏せられたが、この男は料理人だったのだろう、なますでもつくるべいと思って持っていたのか、包丁《ほうちよう》のような小刀《こがたな》を差していたので、押さえつけられた下からその小刀をひっこぬいて、よろいのたれのあいだから突っこみ、上になった男をはねかえし、逆に敵の上に馬乗りになって、鷹《たか》狩りの狩人《かりうど》が鷹の餌《えさ》にする鶴の肝《きも》でもえぐりとるように簡単に刺し殺した。まっすぐな刀をよろいの上に差してきた男はこいつひとりだけだった。その他《ほか》馬に乗ったさむらいが、刀をぬくのを見ていると、みんな刀をぬく時自分の乗った馬に切りつけてしまい、けがをした馬がずいぶん多かった。あのようすを見ると、鉄鍋の柄《え》のようなそりかえった刀は馬の上でぬくのにいいし小さな脇差しは便利に使えるから、これらの刀はよろいの上から差しておいてもよかるべいと思う。つばのない小脇差しをよろいの上に差したらば、ぬく時手間がかからずすぐにひっこぬけるべい。又大き目の小刀を一本差しておくのもずいぶん役に立つぞ。もし小脇差しを落した時など、かわりに使えて役に立つべいこんだ。弥六《やろく》、よろいの上帯《うわおび》に大きな刀脇差しなんぞ必ず差さぬものだぞ。よろいの着かたを教えてやったから仕方ないが、ご命令も出ないのに、やたらに馬の鞍《くら》をはずしたり、よろいを脱《ぬ》いだりしないきまりになっているから、早くよろいを着るべいぞ。

挾箱持《はさみばこもち》——弥六兵衛《やろくべえ》

こんどのいくさでご主人のお供《とも》をしてついてきて、着替えなどのはいった挾み箱をかつぐ役目はもういいからと、つづら行李《ごうり》をあずけられて背負っている。昨日よその部隊の挾み箱持ちが、柄《え》の長い挾み箱なので人ごみにひっかかって巻きこまれぐるぐる廻りをさせられたうえ、挾み箱を投げ出してぶっこわし、箱の中の品物や道具をぶちまけたのでみんなに拾われ盗まれてしまい、そのうえ、すべってころんだものだからみんなに踏みつけられて蜘蛛《くも》のようにぺちゃんこになり、ひどく血を吐き出した。

挟箱持　弥六兵衛

しかしようやく気をとり直してその場でつっ立って、ひどいことをしやがってどいつでもいいから一匹けんか相手をえらんで、ぶち殺してやるべいと思ったが、その部隊でも味方同志のけんかやいいあらそいはしてはならぬと命令が出ているらしく、そのことを思い出して、仕方なく平気な顔でがまんしていたが、おれたちの部隊でも、いくさの時のけんかはもちろん禁じられているが、旅をしている時や泊《とま》っている時でも仲間同志のけんかやいいあらそいはかたくとめられているぞ。どうしてそんなにきびしくするかといえば敵にも出あわず死にもしないで生きていられれば、いくさが終って国へ帰ってから、思いきり仕返しをしてぶち殺してもかまわないのだから、それまで待てということできつくとめられているのだ。昨日ひどい目にあった挟み箱持ちは、よその部隊の連中を相手にけんかをしてはならぬきまりを思い出して、平気なふりをしてがまんしたが、誰か手近にいる奴を一人ひっつかまえてやせっ腹をぶっ刺してやるべいなら、自分の腕っぷししだいの仕返しもできたべいに、それもできずにがまんするのは腰ぬけもおきてでかたく禁じられているのを知らない弱虫でさぞかし命令の聞きそこないだんべい。そうはいっても敵とたたかって一匹もやっつけないで、よその部隊の者といってても味方をぶち殺すというのはまともなことではない。それによその部隊でも味方を殺すということは、味方に対して敵になるから味方の総大将将軍さまへもっての他《ほか》の無礼を働くことにもなる。そんなことにならないようにとにかくよその部隊とかかわりを持たないほうがよいこんだと思う。おれはかつぎにくい挟み箱からこんな軽いつづらや行李《ごうり》にかつぎ替えさせてもらってありがたいこんだ。その上特別に刀を一本差すことまでゆるされた。腰に一本差したら自信がついた、弁慶とたたかっても負けるまい。しかしおれが以前から差していた小脇差《こわきざ》しの柄《つか》は江戸を出発する時は、新品だったが、毎日弓《ゆ》がけ手袋の金具にあたったりして、柄《つか》に巻いた糸がこすれてぶっ切れた。いくさに出るというのは死ぬもんだと思っていたが、案外死にもしないで、今日までまだ生きている。それにご主人が本陣を守るお旗本だから、先頭の部隊からずっと離れていて、鉄砲を射《う》つ音もろくに聞こえてこない。昨日は味方の陣の上を飛び越えてきた敵の弾丸《たま》がひとつとんできた。五貫目（約二十キロ）くらいの重さの弾丸《たま》だったが、おれのすぐ前に落ちて、はね返りあっという間にどこかへとんでいってしまった。もう、死ぬべいと思っても、なかなかあっさりとはくたばりそうにない。死なないで生きているからには小脇差しの柄《つか》の糸が切れているのは、不便だ。柄糸《つかいと》だけはとっかえべいと思うが、陣中《じんちゅう》に刀屋はなし、さしあたって困ったぞ。この刀の柄《つか》のように糸がしっかり巻きついていれば、死ぬまではもつべいものを、今はこのままでは厄介《やっかい》だ。何とすべいか。うん、思いついたぞ。小脇差しは両手で持って使うものじゃない。片手で持って切るものだから、柄《つか》の長さは片手のひらの巾《はば》だけあればよいし、柄《つか》の細いほうが、片手で使うには太いのより使いやすいから、柄《つか》の糸を全部ほどいて、柄《つか》の長さを刀身《とうしん》のなかごの寸法に切りちぢめ、そこいらの藪《やぶ》のすみにはすいかずらのつるでもあんべいから取ってきて、目釘《めくぎ》の穴からとおして、ぐるぐる二重巻きにでもしておけばよかんべいと思う。

馬取《うまとり》――金六《きんろく》

ご主人についていくさに出る時、馬の係というものは二人とも身体《からだ》にくっつけておかなければならない道具がたくさんあるべいもんだ。まず、馬を洗う時に使う馬びしゃくと馬にいうことを聞かせるため鼻をねじる紐《ひも》のついた棒を腰にひっぱさみ、馬の口にかませるくつわに顔をしばるおもがいと手綱《たづな》をとりつけて自分の首にひっかけ、馬の腹帯《はらおび》と立縄《たてなわ》とあぶみを吊《つ》る力革《ちからがわ》などもいっしょにして持っていくべいぞ。それから馬には左側の前のしおでに曲《ま》げものの木の弁当箱に米をつめてむすびつけ、右の前のしおでには鉄砲いれの革筒《かわづつ》に小鉄砲《こでっぽう》をいれてむすびつけろ。後のしおでの左右には大豆をいれた袋をぶらさげる。鞍《くら》の前輪《まえわ》には物いれの革箱をくりつけろ。後輪《しずわ》には干《ほ》し飯《いい》の袋や馬の餌《えさ》にする糠《ぬか》袋を左右のしおでにひっかけてぶらぶら動かないようにくくりつけ、馬の口取《くちと》り縄《なわ》をきちんとひっかけ、その縄で馬を木や杭《くい》につないでおけ。馬の顔の横にかかる革をくつわにむすびつけ、馬が餌《えさ》を喰《く》う時には、くつわをゆるめてはずしてやれ。餌を喰い終ったらおもがいをきちんとむすび直し、くつわをかませるべい、ちょっとのあいだ馬を立ちどまらせておく時でも、網《あみ》でできた仮袴《かりばかま》に両前足を踏みこませ、馬に逃げ出されない用心をしろ。もし馬が逃げ出すと、陣中は大騒ぎになるもんだ。そうなると味方の馬で陣中がめちゃくちゃになりいくさをしなくとも負けたと同じになるから、かたく禁じられているぞ。必ずちゃんとつないでおけ。念には念をいれるためにもう一度いっておくぞ。力革《ちからがわ》をあぶみにつなぐ金具が折れるかもしれないと思ったが、替えの金具を持ってこなかった、もう自分の身体《からだ》のどこにも物をくっつけておく所がなくて、替えのあぶみも持ってきていない。金具が折れたら、金具なしであぶみを力革《ちからがわ》にくくりつける工夫をしろ。又鞍《くら》おおいの皮は敷いたまま乗ってもらって、決して捨てないほうがよいぞ。ご主人が馬からおりたら坐る時の敷物がわりにでもなさったらよかんべい。その時は鞍の下に敷いた皮の泥よけのほうもひっぱずして、おれたち二人の敷物にしべいぞ。どう使っても役に立つもんだからよく気をつけていろんな道具を大切にしろ。

沓持　吉六

馬取　藤六

馬取　金六

馬取《うまとり》――藤六《とうろく》

金六《きんろく》がしゃべるのを聞いていて、今思い出したことがあるぞ。おれが生まれてまだお七夜《しちや》もすまない頃から、曾祖父《ひいおじ》の彦惣《ひこぞう》が口ぐせのようにいっておられたことがある。耳の底に二十四、五年も残っていたが、今の話を聞いて考えあわせると、昔いくさの時陣中《じんちゅう》で二十日鼠《はつかねずみ》をつかまえて首をくくりつけてつないでおいたが、鼠が逃げ出して、そっちへ逃げたこっちへきたと二、三人で騒いでいるうちはよかった。その陣が先頭部隊だったので騒ぎを聞いた、うしろの部隊は敵が攻め出してきて騒ぎがおきたと感ちがいして、つぎつぎにうしろの部隊が逃げ出して、もっとうしろの陣が踏みとどまって守りをかためべいと思ってもどんどん崩《くず》れていく、先頭部隊は小人数でこびとのようなもので、うしろの部隊が大人数で大仏さまのようなものだとしても、先頭部隊のほうがおじけづいて逃げてくるので、うしろの部隊も共倒れになって、悲鳴をあげて逃げ出し、五、六万人もいた大軍が十日がかりで攻めこんだ道のりを逃げ帰ってしまったと、彦惣どのが話しておられたが、金六が馬は念いりにつないでおけといわれるのはもっともなこんだ。二十日鼠一匹逃げ出しても大軍が十日分の道のりを逃げ出すのだから、二十日鼠の四、五百倍も身体《からだ》の大きい馬が一匹逃げ出して騒ぎがおこったべいならば五、六万人の大軍千日分の道のりを逃げ帰らなくちゃならない、西の国のはじから蝦夷《えぞ》の島（北海道）まで逃げ出しても、道のりが足りない。たいへんなことになる。命令でも馬をとり逃がすなとかたくきめられているぞ。それに陣中では小唄《うた》や浄瑠璃《じょうるり》節《ぶし》や早口物語《はやくちものがたり》など声を出して楽しむことは禁じられているのも、大声を出してよけいな騒ぎをおこさないようにということだ。だから夜いくさをする時にはみんな枚木《ばいぼく》という木を口にいれかじりながらたたかうというのも、声をたてさせない工夫だぞ。昔の逃げ出して敗けた五、六万人もの軍勢がひとり残らず腰ぬけだったわけでもあるまい。そのなかには度胸《どきょう》のいい奴もいたんべいが、一人二人が騒ぎ始めたのが大ぜいの騒ぎになってしまった、大騒ぎになってしまってはあとからいくらしずめようとしても無理だということだ。そんなわけだからよくよく気をつけて馬を逃がすな。逃がさないということが馬をひっぱり廻す時の心がけだぞ。又いくさがはげしくなってご主人が馬を駆《か》けさせるため口取《くちと》り縄《なわ》を放させられるとわしらは両手があいて、何もひっぱるものがない。おれも刀を一本ぶっ差しているからには、敵の一匹もやっつけないでは残念なこんだ。おれは四、五十人もご主人をかえて仕《つか》えてきたが、つとめた先き先きで心がけもかえなきゃならないもんだ。今は武家の家につとめ、こうしていくさにつん出たのだが、おさむらい衆が口をそろえていうには、さむらいは討《う》ち死にするのが手柄《てがら》だそうだが、金六よおれたちはめったなことでは死なないものだぞ。何もしないで敵に殺されっぱなしでは、敵をよけい勢《いきお》いづかせてしまうぞ。それにひきかえ味方は死人が出たというのでこわくなりみんなが臆病心《おくびょうごころ》をおこして、えらい損をするぞ。どうしても死ぬはめになっても一人だけでも敵を殺せ。二人殺せばおれが一人死んでも一人分とくをするし、できることなら百人の敵でもぶっ殺せ。おぬしの腕っぷししだいだぞ。一人の敵にも切りつけずに、自分の命をなくすというのは卑怯《ひきょう》者《もの》だぞ。何もしないで死んだのでは今までもらった給料や喰《く》い物が全部無駄づかいだったということになってしまうからな、この理窟をよくのみこんでおけ。

沓持《くつもち》――吉六《きちろく》

わっちは馬の沓《くつ》（わらじ）籠《かご》を持つ役目だったが、籠をかつがなくてもよいといわれ、沓を袋にいれて背中に背負ったから、身体《からだ》の動きが自由になりました。腕っぷしだけなら弁慶にも負けるものかと思います。まして刀を一本ぶっ差しているのだからどんな働きでもしてやるべいと思うが、よく考えれば、おさむらいの真似をするよりご主人の乗る馬がくたびれないように休ませたり餌《えさ》をやるのが、おれの第一の手柄《てがら》だ。この馬は今朝《けさ》のいくさで野原を半刻《はんとき》（約一時間）ほども敵を追いまくってたたかったが、敵は追い散らされて逃げました。ずいぶん働いたから、餌《えさ》の大豆もわらや草も喰《く》いほうだいに腹がはち切れるほど喰わせべいと思うが、いっぺんにたくさん喰わせると腹をこわしてかえって悪かんべい。こんな時はちょっぴりずつ何度にも分けて餌をやり、夜も立ったまま眠らせて横にさせないのがよいぞ。足を折って横にならせてしまっては明日《あした》つかれが出て役に立たないもんだ。よその部隊の沓籠持《くつかごも》ちを見ていると、この役目はたいへんな仕事だ。沓籠をかついでいるあいだじゅう身体の自由がきかなくて、敵が首を切りにきてもなんの抵抗もできまい。このあいだ部隊が進んでいる時に、よその部隊で馬が一匹荒れくるって、馬の口取りも乗ったおさむらいも汗だくになって取りしずめようとしたが、まったくおとなしくならないで、他《ほか》の馬まで騒ぎ出した時、沓籠持《くつかごも》ちが、馬と馬のあいだにはさまれて、踏みつぶされまいと逃げ廻ったが、かついだ沓籠が馬の尻にあたって、馬どもがよけいあばれ出し、どうしようもない。その上、その沓籠持ちがころんでかついでいた沓籠をぶっこわしてしまった。おれは籠を袋にかえて背負ったので両手があいているからあのようなことになっても、馬取りの藤六《とうろく》どのや金六《きんろく》どのの手助けができます。

雑兵物語　下

矢箱持《やばこもち》——矢蔵《やぞう》

矢箱持　矢蔵

矢箱持

玉箱持　寸頓

　昨日までは、二人で矢を百本ずついれた矢箱をふたつ棒にとおしてかついでいたが、今朝《けさ》から二、三百人の部隊がぶっつかりあう小ぜりあいが始まりいそがしくなってきたから、もしかして荷物運びの馬が追いつけぬこともあるべいと思い、馬に背負わせた矢を、百本ずつふた箱の矢箱にいれて、二人で二百本背負ってきた。今朝からのいくさで弓足軽隊《ゆみあしがるたい》の矢もなくなってきたんべい。今思い出したことがある。弓足軽衆《しゅう》のなかにおかしなことをする人が二人いた。その一人は敵が十町（約一キロメートル）ほどむこうにあらわれると、きめられた距離を忘れてしまって矢を射《い》始め、鉄砲の射《う》ちあいもまだ始まらないのに、つぎつぎ矢を射《い》て、矢入れの矢を全部射《い》てしまい、残りの矢がなくなったのに、敵に一人も射当《いあ》てられずに、何もすることがなくなってしまい、矢箱持ち矢をくれと呼ぶけれどそのへんには誰もいなくて、矢がなくなっては棒の役にも立たない弓など捨てべいと思ったが、弓のはじに小さな鉾先《ほこさき》をかぶせておいたのを思い出した、ちょうどそこへ敵が一人鼻毛ののびたような顔をしてうかうかとやって来たので、その鼻の穴にねらいをつけて鉾《ほこ》を突っこんでやると、耳の穴まで突きぬけて、すぐさま首を切り敵の首ひとつぶらさげる手柄《てがら》を立てた。もう一人の弓足軽は臆病風邪《おくびょうかぜ》という病気にでもかかったか、まっさおな顔をして、一本の矢も敵に当《あ》てられず射《い》捨てていたが、そのうちに臆病風邪もなおったのか、一人でも敵を殺せという命令を思い出し、殺されそうになったら射《い》てやろうと、一本の矢を弓につがえ引きしぼったりゆるめたりしながら敵との距離が四、五町（四、五百メートル）になるまでは射《い》ないでいると、敵が一人鰐《わに》のように大口あけてやってくるので、槍いくさの距離まで引き寄せておいて、六尺（百八十センチ）棒一本分ほどに近づいたところを射《い》ると、矢は大口の中を頭の真うしろまで射《い》ぬいて、よろいの背中板《せなかいた》へ突きささり、敵はあおむけにひっくり返ったところを、すぐさま首をひとつ切り落したが、臆病風邪にかかっていた時には手柄《てがら》を立てられなかったのに、それにしても考えてみれば、射《い》捨てた矢はもったいないことをしたもんだ。一本の矢でも手柄を立てられるのに、始めに無駄に矢を射《い》つくしてしまったのが悪いこんだ。こんなことはおさむらい衆にもよくあるこんだ。おさむらい衆はおれたちのような召使《めしつか》い下男どもをばかにして、あたまからぞんざいなあつかいをなさるが、犬ころあつかいのおれたちでも本気になって吠《ほ》えかかれば、おえら方のさむらい衆もそのうちに弱味を見せて恥ずかしい姿をさらすことになる、ぞんざいなのは臆病者のつよがりだというが、だいたいそんなもんだ。さっきの二人の弓足軽衆のうちでも、鉾弓《ほこゆみ》で敵を突き殺したのと、矢で敵を射《い》殺したのとでは、矢で殺したほうが手柄としては上だと思う。弓を射《い》る役目の足軽衆が矢を全部射《い》つくしてしまい、そのあとで敵の首をとってもそれは手柄とはいえまい。おいおぬしはどう思う。今こうして突いている棒は矢箱をかついでいた棒でこの棒の前とうしろに矢箱をつけて水を汲《く》みにいけば便利だからと、捨てないでとっておいて突いている。

（もうひとりの矢箱持ち）

それはうまい考えだ、矢箱持ちとしては敵の首をとるより手柄を立てたというもんだ。よく役目をつとめているのだから、弓足軽衆が鉾弓《ほこゆみ》で敵を突き殺すのより上だ。それから昨日戦場に射捨《い》ててある矢を拾ってよく見ると、矢の根（やじり）の差しこみ方がゆるくって、矢がら（矢の柄）と矢の根がばらばらになって落ちていた。今背負っている矢はきっちり差しこんでから足軽衆にわたすべい。今までのように矢箱を棒にとおしてかついでいたのでは、手足が自由にならないで苦労したが、矢箱をじかに背負ったから、思いどおりにとび歩けるのでありがたい。昨日山を越えて進んだ時に、よその部隊の矢箱持ちが山を登るのをおぬしは見たか。矢箱をふたつ棒にとおしてかついで登っていたが、棒の矢箱が坂道につっかえてどうしても登れない。それを無理矢理登ろうとして、坂道をすべり落ちて、矢箱をひっくりかえし中の矢をみんなぶちまけてしまったところへ、あとから登ってきた部隊が矢をみんな踏みつぶしてしまって、ちゃんとした矢は一本も残らなかった。おれたちは矢箱を背中に背負っているから、あの騒ぎのあいだにあんな坂道なら百ぺんでも登りおりしてやるべい。

玉箱持《たまばこもち》――――寸頓《ずどん》

鉄砲足軽

わしの背負った弾薬箱《だんやくばこ》も、二人でふた箱を棒にとおしてかついでいたが、昨日からのたたかいで、ひと箱ずつ背負うようにした。この頃鉄砲足軽衆が、鉄砲を射《う》つ音を聞いていると、槍が草の実《み》とこすれあうような、すいすいという音がする。長い道のりを旅してきてそのあいだじゅう腰にぶらさげてきた弾薬箱の火薬だし、紙薬莢《かみやっきょう》の中の火薬がしめってかたまっているのを、そのままぶっこんでつぎつぎ射《う》つもんだから、火薬が紙薬莢の底にくっついて残り、弾丸《たま》を発射する力が弱くて弾丸は五間（九メートル）も飛ばないで、落ちてしまう。紙薬莢の火薬を鉄砲の銃口からつめる前に、紙薬莢をひと振り振って火薬のかたまりをほぐしてからつめれば、よかんべい。それと紙薬莢に、火薬をつめる時、紙薬莢の口までいっぱいに火薬をいれないで、ちょっとすきまのあるほうがよかんべい。紙薬莢に火薬をつめてふたをする口貼り紙に、ひどく、糊《のり》をつけすぎると、弾丸は紙に貼りつき紙の着物を、着たようになる、弾丸を銃口からつめこんでも紙がはがれなくて、二度、三度射《う》つうちに、弾丸がつっかえ、銃口から二、三寸（六〜九センチ）ほど突っこんだだけで、弾丸《たま》ごめ棒を突っこんで、力まかせにぶっこんでもびくともしない、銃身の汚れもとれないし、それ以上はぶっても叩いても、弾丸がはいらない、無理に発射しても弾丸《たま》は四、五間（七〜九メートル）むこうにころがり落ちるだけとは、棒より役に立たない鉄砲だ。糊《のり》のついていない弾丸でも、弾丸が小さすぎると、紙薬莢《かみやっきょう》の中でころころがって、銃口から火薬よりさきにころがりこんでしまったところで、射《う》つから、火薬は紙薬莢に残るし、飛び出す弾丸は小さくて力がない、こちらもやっと、四、五間（七〜九メートル）飛んで落っこった、弾丸も、火薬も、紙薬莢も、ずいぶん無駄になった。おしいこんじゃないか。その上今頃は、さなだ虫（寄生虫）の病気が流行するので、陣中《じんちゅう》では、その腹痛で思うようにならないことが多く、よけいあわてるもんだんべい。よく気をつけるように鉄砲足軽衆《てっぽうあしがるしゅう》にいってやるべいと思う。銃身にくらべてちいせい弾丸は、奥歯でかんでつぶしてから、つめればよかんべい。よくあたるように射《う》つなら、革《かわ》の弾薬《だんやく》箱《ばこ》いっぱいの弾丸を、ひと息で射《う》ちつくしても早すぎるということはないが、早く射《う》つだけで、当たりもしない無駄弾丸を射《う》ち捨てている、弓も、鉄砲も、敵をよく見て心をしずめて射《う》てというのがきまりだに、弾薬をつめてはすぐそのから鉄砲に、又すぐ弾薬をつめこみ、射《う》ちはなすだけで、早く射《う》っても、敵を一匹も射《う》ち倒さないのでは、弾薬を無駄に捨てただけだ。おしいこんだ。おれは腰に、弾丸《たま》ごめ棒の替えを差していたんだが、鉄砲足軽衆にみんなわたしてしまったので、今は弾丸ごめ棒をいれておいた皮袋と、からっぽになった弾薬箱だけを背負っている。矢のはいっていた箱は棒をとおせば水桶《みずおけ》のかわりにもなるべいが、弾薬箱では水がもれてしまってそれもできないし他《ほか》に何もいれるものがない。だからといって捨てようとしても、これはご主人からのおあずかりものだから、そうもいかない。力もないし、背負っている弾薬《だんやく》箱《ばこ》は重いし、から箱だのになにかをいれる役にも立たない、弾薬箱持ちというのは矢箱持ちの役目にくらべて、ほんとに駄目な役立たずだ。矢箱持ちがいっそうらやましいぞ。さっき鉄砲足軽衆のひとりが、自分の弾薬箱の弾薬をみんな射《う》ってしまって、命令どおり、弾丸《たま》ごめ棒をひんぬき、鉄砲を腰に差し、刀をひっこぬいてたたかった、むかっていって敵のかぶとの真正面を、ぶっ叩いたが、刀がひんまがってしまったので、小脇差《こわきざ》しをひっこぬいて、敵のどてっ腹へ突っこみ、さて首をとろうとすると、ご主人がいうには、「引きあげよ」というご命令が出た。すぐ引きあげよといわれて、敵の首を半分切りかけたところだったが、命令にはさからえない、みすみす手柄《てがら》になる首を捨てて引きあげた。自分の刀はひんまがる、手柄は捨ててくる、残念なこんだろう。しかし、ご主人が「わしが証人になってやる、敵の首をとってきたのと同じだ」といわれたので、ご主人の口ぞえで手柄をほめられることだろう。それから、今朝《けさ》のいくさで、おれの左側へ、攻め出してきた部隊の弾薬箱持ちで、おかしな奴がいた。足軽同志のたたかいがはげしくなってきた、うしろにいたおさむらい衆がたまりかねて、とびこんで来た時、弾薬箱持ちが箱を棒にとおしてかついだまま、鉄砲足軽衆といっしょに、おさむらい衆に道をあけようとしたが、長い棒の両はじに弾薬箱をぶらさげてかついでいるので、あっちに当たり、こっちへぶっつかって、歩くこともできず、どうどうめぐりばかりして、脇へよけた鉄砲足軽衆にもついていけず、さんざんな目にあっていた。あれでは敵に弾薬箱《だんやくばこ》をとられなかっただけでも、めっけものだ。おれたちは、そんな時でも、弾薬箱を背中に背負っているから動きが自由だし、あのような目にはあわない。

荷宰料《にざいりよう》――八木《やぎ》五蔵《ござう》

こんどのいくさはえらい大人数の軍勢だ。十日以上も攻め進んでいるが、まだ攻めきれない。あと十日くらいも攻め進むべい。部隊がどんどん前進してしまったので、馬に荷物をつけたわしら馬隊《うまたい》がえらくおくれてしまって、なかなか前の部隊に追いつけない。わしらの部隊の衆は、四、五日分の食料はじゅず打飼袋《うちがいぶくろ》にいれて首にひっかけているので、あと三日や四日ぐらいは、馬隊が追いつけなくても喰《く》うに困ることはあるまい、ここは味方の領地内だが食料を集めるのは思うようにいかないし味方の部隊だからといってゆだんはできないもんだ。こんな食料不足の時には喰う米がなくなって味方でもよその部隊から食料をうばいとるもんだ。のんびり鼻毛をのばしていて味方にひんぬすまれるな。ちょうど馬隊の運んできた食料を馬二頭分だけ喰いつくして二頭の馬の背がからっぽになった。俵《たわら》をゆわえつけておいた荷縄《になわ》やからになった俵のわらぶたは捨てないでちゃんとくくりつけておけ。荷物をしばっておいた縄は里芋《さといも》のくきをよく干して縄にないあげ、味噌で味をつけて煮てから荷縄にしてきたから、その縄をきざんで水にぶっこみ、火にかけてこねまわせばちょうどいい味噌汁の実《み》になるべいぞ。俵のわらぶたも馬の餌《えさ》になるべいから、捨てずに馬にくくりつける。敵の領地へ足を踏みいれるとすぐ、なんでも目に見えしだい手にさわりしだい拾ってお け。とにかくいくさのあいだじゅうは飢饉《ききん》だと思って、喰うことのできる草や木の実は、もちろん、草木の根や葉も拾っておいて馬にくくりつけろ。松の皮はじっくり煮くさらしてよけいなところを捨て、粥《かゆ》にして喰ったらよい。又、大雨が降りつづいたり川を渡ったりして、みんなの首にゆわえつけたじゅず打飼《うちがい》の籾《もみ》が水を吸って芽をふき出してきたら、ちょうど植えつけてもよいぐらいにのびたところで芽も根もいっしょにとって、煮て喰ったらええもんだ。喰い物を煮る薪《まき》は一人一日分八十匁《もんめ》（三百グラム）ほどの木があるべいならばよいし大人数が集っていっしょに炊事《すいじ》すれば、これでじゅうぶん間にあうもんだというぞ。もし薪が手にはいらない時だんべいならば、馬の糞《くそ》のかわいたのをつかんできて、薪のかわりにしべいぞ。おれたちが攻めこんできたので逃げ出した奴らは運びきれない米や着物を家の中の土間を掘って埋めておくもんだ。家の外へ埋める時は、ぬれないように鍋《なべ》や釜《かま》におしこんで穴に入れ、その上に土をかけておくべいぞ、霜のおりた朝見れば、物を埋めてある場所だけは必ず霜が消えているものだ。だがそれも埋めてから日がたっていればはっきりとは見えないもんだというぞ。よくよく注意してあたりをさがして埋めてあるものを掘り出せ。敵地にに井戸があってもその水はぜったいにのまないようにするもんだ。敵は逃げる時たいてい井戸に糞をぶちこんでおくものだから、うっかりのむと腹をこわすぞ。流れている川の水はだいじょうぶだから川の水をのむべいぞ。それでも土地がかわれば湧《わ》き出る水もかわって、馴《な》れない土地の水は身体《からだ》にわるいもんだ。いくさに出る時は杏《あんず》の種の中の実《み》をもってきて、絹の布に包んで鍋にいれ、そこへ水をいれておいて上《うわ》ずみの水をのんだがよい。又自分の国の田にしを陰干《かげぼ》しにしておいて鍋にいれ、水をいれて上ずみの水をのむのもよいもんだ。

夫丸《ぶまる》――――――――――――――――――馬蔵《ばぞう》

五蔵《ごぞう》どの五蔵どの、おまえさまのいいなさるとおり、いくさの陣中はほんとうに飢《き》饉《きん》でござります。おっしゃられることはもっともなこんで。おえらいおさむらい衆はじめおまえさまも、よろいを着《つ》けられ、威勢《いせい》よく大小の刀を差しなされ、いかめしいかっこうをしておられますが、陣中《じんちゅう》で自分の身体《からだ》をどうあつかえばいいかを、わしらほどはごぞんじありますまい。いくさにくる前は村からお江戸の町へ菜の漬け物を馬

夫丸　馬蔵

荷宰料　八木五蔵

につけて毎日運びますのに、夏はやぶれたひとえの着物一枚きり、冬は木綿のあわせの着物をひっかけるだけ、雪や雨が降ります時は、からの米俵《だわら》をほどいて、真ん中に穴をあけてかぶり、俵のわらぶたを首につっぱめ、やぶれ笠《がさ》をかぶって、二日でも三日でも夜も昼もなく歩きづめで行ったり来たりしますのに、馬にはろくなものを喰《く》わせないで、馬の餌袋《えさぶくろ》に米の糠《ぬか》をちょっぴりいれて、馬の鞍《くら》のうしろにつけ、水だけはやっとのませてやります、おえら方のおさむらい衆やおまえさまなどは、強そうにいかめしいかっこうをなさってはいるべいが、暑い時や寒い時、腹がへった時や眠りたい時に、自分の身体をどうやってもたせていくかをおれほどにはお知りなされまい。ともかく、乞食《こじき》の生き方を、陣中ではお手本になさるのが一番でござります。

（五蔵）馬蔵《ばぞう》馬蔵、いかにもおぬしのいうどおりだ。おれもそうだと思ったからかっこうは悪いがよろいの上から木綿の綿いれをひっかけ歩きやすいようにすそをひっくくり、うわっぱりがわりに着てきたが、暑くなってきたのでぬいで馬にくくりつけたあき俵《だわら》の中へつっこんどいたぞ。

（馬蔵）

今五蔵どの、おまえさまのお話を聞いておりますと、山でのいくさや川のいくさそれに野原《のつぱら》でのたたかいの話ばかりじまんげになさるが、これからのいくさでもし敵の城を乗っ取りなされた時、城にこもって守るいくさもなされるべい。こんなことをいうのもお恥ずかしいことでござりますが、わたしめはもともとさむらいでござります、落ちぶれまして今ではこのように百姓になりました。わしのじいさんは馬兵衛《ばひょうえ》と申しましたがさむらいなので、いつも話しておりました。城にたてこもるいくさの時は、兵隊の喰《く》う米やその他の食料をしたくしておかなきゃならないのはもちろん武器の用意もじゅうぶんしておかなきゃならないこんで、陣地をつくったり城の守りをかためるための石や材木などもどんなにたくさんたくわえられても、まず第一番は水の便《べん》をよくしておくのが大切だと申しました。じいさんの馬兵衛は、山の中の城にたてこもりまして、水の用意はしておりましたがそれでも水に困り、のどがかわいてもう死んでしまうべいという目にあったと話しておりました、生きていくには水というものはえらく大切なもので、一人一日分として水が一升（一・八リットル）いるものとして準備するもんだと聞きました、それから食料品などもどれくらい用意すればよいかの目当《めあ》てがござります。米は一人一日六合（一・一リットル）ずつとして計算し、塩は十人で一日一合（百八十ミリリットル）ずつ、味噌は十人で一日二合（三百六十ミリリットル）ずつ準備すると申します。そのほかたたかいが夜もあるべい時などは、昼間のいくさの喰い物だけでは足りないから夜食の分の米をふやして計算しなきゃなりますまい。しかし兵隊に米をわたす時何日分もいっぺんにやってしまうと、酒のみの兵隊は飯《めし》をくわずに米で酒をつくってのんでしまいますので、せいぜい三日分か四日分だけわたして喰いつなぎをさせ、五日分以上の米をいっぺんにわたすことはしないものだといいますが、これから城にたてこもるいくさがないものでもありますまい。これらは昔のいくさの時のきまりでござりますので、これからのいくさの心づもりのおたすけにでもなりますべいと思ってお耳にいれましたが、五蔵どのはこのことをどう思いなさる。

（五蔵）

なるほど馬蔵《ばぞう》のいうとおりだ、いくさのあいだじゅう喰いつないでいかなきゃならない米を十日分もいっぺんにわたすべいなら、酒のみめは八日分の米でも九日分の米でも酒をつくってのんでしまうべい。そうして十日間のうち八日も九日も飯を喰わなければ、飢《う》え死にするべい。三日分か四日分の米なら酒にしてのんでしまいそのあいだじゅう喰わなくても、二日や三日ならものを喰わなくても身体《からだ》はもつべい。昔の吾妻鏡《あづまかがみ》という浄瑠璃《じょうるり》姫《ひめ》の話を書いた本にもあるそうだが、源頼朝の時代に関東から関西へ攻めのぼった義経の軍勢が、喰う米がなくなってしまって、よろいやかぶとをぶち売って金をこしらえ、米を買って腹いっぱい喰い、元気が出たところでよろいも着ないでいくさに出たが先頭を切ってたたかったということだ。どんなりっぱなよろいを着ていても、喰い物がなくては、さむらいとしての手柄《てがら》をたてることもできないから、ともかくいくさのあいだはにわか乞食《こじき》になったつもりでいるべい。敵とたたかって死ぬべいは兵隊ののぞむところだが、おおかたは敵にも出あわないで、喰い物がなくて飢え死にしたのでは、乞食が道ばたでぶっくたばったのと同じことだんべい。

又《また》　若党《わかとう》――――左助《さすけ》

ほんとに加助《かすけ》どの加助どの、よい働きをされたなあ。おさむらい衆よりもりっぱにご主人の槍《やり》勝負を脇から助けたし、その上敵の首まで取った。おまえのご主人も、家

若党　左助

来もともども手柄《てがら》を立てた。この布ぎれはもしおれのご主人がけがをなされたんべい時には、背中に背負ってゆわえつけべいと思って用意して、それまでは、たすきにしていたのだが、おれのご主人は槍勝負の二番手で、かすり傷もなかった。おれのご主人が槍勝負をなされた時は味方の衆に刀を使わせて横から攻められないように防《ふせ》がせなさった。槍勝負の三番手というのは敵も味方も全員がいっぺんに槍をぶっこんだので、大ぜいの槍がもみあって、わらびの塩漬けをひっかきまわしたようになった。おれのご主人は槍勝負の二番手でわしもご主人について進んでいったから、加助のご主人が一番手の槍をぶっこみなされるのも、加助がご主人の脇を守っているのも、よく見とどけていたが、ほんとにご主人といっしょに加助もりっぱな手柄を立てなさった。その次の手柄といえばおれのご主人だんべい。昔から槍のいくさでは三番手の手柄ということは聞いたことがないといわれているがほんとにそうだ。二番手の槍をぶっこむとすぐ、三番手は槍足軽衆《やりあしがるしゅう》が全員でいっぺんにぶっこんだから、二番手をぶっこまれたご主人の槍を横から守ることもなかったし、脇をかためることもなかったが、槍勝負のことはさておいて、おれは三番手の大ぜいの槍勝負にまきこまれてこね倒され、よろいのたれの革糸《かわいと》がひっちぎれてこんなになった。武器や武具の色を黒くするのは強そうに見えてみごとだが、黒い糸や黒く染めた革などを武具やよろいに使うと染めた時に弱くなってしまってよくないこんだ。おれはこのよろいの革糸が切れたらその時使おうと思って、革糸をちょっぴり持ってきた。そいつでこのたれの板のちぎれたのを直すべい。おまえはひどいけがをしたのにがまん強いところを見せよう、弱味を見せまいとつっぱっているようだな。ふだんはおびんずるさまのように真赤《まつか》な顔をしているのに、手柄話《てがらばなし》を、気をつっぱってしゃべったから血がひどく流れ出して、今では青びょうたんのような顔色になった。これだけの大手柄を立てたんだから、誰もおまえを臆病者《おくびょうもの》だとはいうまい、じっくりと気をしずめろ。おれの煙管袋《きせるぶくろ》によろいの革糸をつくろう毛《け》たて箸《ばし》を持ってきた。矢があたった時に刺さった矢をぬくべいと思っていれてきた。ようく気をしずめろ。おれはちょっとばかり外科《げか》の手当てを知っている。しかしこのやぶれたよろいはご主人から借りたものだが、柿色染《かきいろぞ》めの手袋がついているのでつっぱめているが。柿色染めは血を吸い出すのでおれがけがをしたら使おうと思って、血吸《ちす》い袋《ぶくろ》のつもりではめている。いつけがをしても仕方がないが今まではしあわせにもけがをしない。

又《また》 草履《ぞうり》取《とり》――加助《かすけ》（嘉助とも）

この鉄砲は戦場へつくまで長柄傘《ながえがさ》の袋にいれてかついできた。いくさが始まったらば、ご主人にわたして射《う》っていただくべい。敵が近づいてきたらおまえの腰にひっぱさんでおけ、といいなさったが、敵が遠くて鉄砲が役に立つ時はご主人が射《う》って、敵が近くなって鉄砲が役に立たなくなるとご主人は槍と取り替えなされて、鉄砲をおれにあずけなさったものだ。馬鹿げたことだ。刀を差すように腰には差すが、鉄砲ではひっこぬいて敵を切ることもできないので、棒にもおとったものを持たされていいめいわくだと思っていたが、この鉄砲のおかげで一匹の敵の頭をぶち割った、まず敵味方ともおたがいに相手のいる場所を見つけ出すとすぐ、鉄砲の射《う》ちあいが始まって、節分の豆まきのように、弾丸《たま》がばらばらとんできたと思うと、次に弓の勝負が始まって、箸《はし》をいっぺんに投げ出すように矢や弾丸がとんできてどれが矢やら弾丸やら区別もつかない。小切子《こきりこ》竹《だけ》にいれた小豆《あずき》のように騒がしく玉取り手品のようにいそがしく射《う》ちあっていたが、おたがいの距離が近づいたので、ご主人がいいなさるには、この鉄砲は腰にひっぱさんでおけ、槍をもって一番手に突っこむべい、ということなので、それならばわっちめが鉄砲を射《う》ってご主人さまの槍勝負の脇を守りましょう。一回射《う》つぶんの弾薬《だんやく》をくだされ、と申しあげると、おまえがわしの槍勝負の脇をかためるとはこの出しゃばり者めがと、目玉をひんむいてしかられてしまったので、仕方なしにご主人の働きの見物をしようとくつろいでいると、ご主人は槍の一番手として敵の一番手とがっちり槍をあわされると、その敵を突き殺しすぐその首を切りとりなさった。

草履取　加助（嘉助とも）の働き

おれもご主人の手助けをしようかと思ったが、いやいやうちのご主人は敵の十人や二十人を相手にして負けるお人ではないと思い、わざと知らんぷりをして、ひょっとしてご主人に打《う》ちかかってくる敵があるべいならば、そいつをこの鉄砲でひっぱたいてやるべいと思い、昼寝しているふりをして目をつぶってうずくまっていたれば、敵が一匹ご主人をやっつけようとよくうれた平柿《たいらがき》のような頭の男だったが刀をぬいてかかってくるので、よくねらいをつけてこの鉄砲でぶっ叩いたら、うまい具合に敵の頭へ鉄砲の照準目当《しょうじゅんめあて》までぶちこんだ、平らな柿頭の敵はすぐくたばったので、柿のへたをもぎとるように首をとったら、ご主人がそれを見ていていうには、首をとっても重くてあと働けないので鼻だけ切りとっておくこともあるが鼻だけだと誰の首だか見分けがつかず味方を殺して敵をやっつけたふりをしたと思われても仕方がないので禁じられているが、これだけ大ぜいの味方が見ている前で首をとったのだからかまわない鼻だけ切りとっておけといいなさった、首をとる前は、たたかうことにえらくためらいがあったが、柿頭をひとつひんもいでからは、いくさが面白くなってきて、ちょっと待て、たたかうには首をぶらさげていては重くて不便《ふべん》だ、よくうれた柿頭じゃなくともよい熟していない渋柿《しぶがき》頭でも、馬に五頭分も十頭分もひんもいでやるためにはと考えて、首からしょうこの鼻を切りとり、みんながやっているようによろいの胸板《むないた》へいれておこうと思ったが、おれはよろいを着ていないし、着物のふところへいれておくだけでは大切な鼻を落っことすかもしれんと考え直して、鉄砲いれにしていた傘袋《かさぶくろ》の底へ鼻をいれ、その上から鉄砲をつっこんでおいたが、時折さなだ虫の腹痛がおこってしゃがみこんでいると、流れ弾丸《だま》が一発飛んできてどてっ腹へあたってうしろへつんぬけた、さなだ虫の腹痛が忘れられていい気味だとしりもちをついたところへ、柿頭をひとつぶっつぶした罰があたったのか、おれの頭の片すみへ矢が一本とまりやがったのでひんぬいたが、矢竹《やだけ》はひっこぬけたが矢じりがひっかかってぬけない、頭から角《つの》を一本はやしたようになって一角仙人《いっかくせんにん》みたいだと皆さんが笑いなさる。ご主人は手《て》敵は一匹やっつけた同じ場所でおさらいをするようにもう一匹やっつけ、二度目の手柄《がら》を立てられたので、おれもちょっとばかり心がけのいいところを見せようと思って、鉄砲袋の底から切りとった鼻を出して見せると、ご主人は鼻を切りとるというのは、上唇《うわくちびる》もいっしょに切りとるもんだに、鼻だけでひげがついていないと、男の首か女の首かわからない、男の首をとったというしょうこにはならないと、今度は蟹《かに》のように目玉をとび出させて叱りなさったので、この鼻じゃ役に立たないのかとあっさり捨てた。おかげで手柄は粉《こな》みじんにふっとんだ。一生けんめい骨を折ってせっかくの首をひとつ捨てた。もったいないこんだ。けがさえしなければ、平柿頭《たいらがきあたま》を馬に二十頭分も三十頭分もひんもいで、ご主人からこの鉄砲をいただいてお供《そな》えものにし、敵の首のおとむらいでもしてやるべいものをと思ったが、ほんとに残念なこんだ。そういえばご主人の槍をあずかっていた槍かつぎの姿が見えない。ご主人はおれに鉄砲をわたしなさって、槍かつぎの持っていた槍と取り替えてたたかいなさったが、それから槍かつぎがどっちへつっぱしったかまるで見ていない。いくさもひと区切りついて時間もたったからそのうちにやってくるべい。見ろ。おれは腰ぬけ男ではないが、この矢じりをぬく時はしずかにぬけよ、勢いよくぬくと、目玉がでんぐり返るべいぞ。おれの頭をそこの木へはりつけのようにむすびつけてからひんぬけ。矢じりでけがをした時は矢じりを手でぬかないもんだぞ。よろいをつくろう毛《け》たて箸《ばし》か釘ぬきがあるべいならば、そいつではさんでぬいたほうがよいもんだ。

夫丸《ぶまる》――弥助《やすけ》

加助《かすけ》どの加助どの、りっぱな手柄《てがら》をしなさった。気をしずめて楽にしているもんだ

若党　左助

ぞ。その柿色染《かきいろぞ》めの着物はひっぱがして、おれのうわっぱりと着せかえべいぞ。おれは羽織《はおり》を持っていないので、木綿の綿いれのすそをひっくくって帯にひっぱさんで、羽織のまねをして着てきた。おさむらい衆の召使《めしつか》いの身分ではいくさの時柿色染めの着物は着ないもんだということをしらなかったのは仕方がないが、おさむらい衆は柿色染めの長手拭《てぬぐ》いを持ったり柿色染めの手足の袋をつっぱめていなさる。ここにいなさる左助どのも手足につっぱめた袋は柿色染めだが、そのたすきになさった白い布は、

左助どのなんのためでござる。

(左助)

これはご主人が万一けがをされた時、背中にかついでこの布でむすびつけてお運びするべいと思って、白い端布《はしぬの》を両手にひろげた長さだけ切りとってたすきにしてきた。

(弥助)

なるほど、昔からのしきたりをよくご存知でりっぱなこんだ。よいお心がけだ。弓足軽衆や鉄砲足軽衆それに槍かつぎやご主人のまわりの召使い衆がよろいの上から白い上帯《うわおび》をしめているのも、そのためだと聞きました。もし、けが人が出たら、よろいの上帯をほどいて、その帯でけが人をしばり背負って、頭に巻いて鉢巻《はちま》きにしている長手拭《てぬぐ》いをほどいて上帯のかわりにしめておけば、みんなといっしょの上帯をしめているように見えるが、もし頭の長手拭いを上帯がわりにしなくとも、矢入れや弾薬入《だんやくい》れや喰《く》い物入れの紐《ひも》で、よろいの上からしめておくと、よろいの胴がよくかたまって動きよくなるべいものだ。ちょっと、さしでがましいが、戦場からけが人を引きさがらせる方法も時と場合でふたとおりのやり方があるべいもんだと思う。敵が近くて矢や鉄砲玉がはげしく飛んでくるべい時には、歩きにくくても自分の身体《からだ》の前にけが人を抱いて、敵の弓や鉄砲を背中にし自分の身体を楯《たて》にしてけが人を連れてくるのがよかんべい。もし矢や鉄砲玉があたった時自分の身体にあたってつんぬけても、けが人にはかるくあたるべい。自分の身体でとまるならけが人には矢も鉄砲玉もあたります

若党　左助

草履取　加助

夫丸　弥助

夫丸　茂助

まい。しかし、けが人を敵から遠い所で引きさがらせる時には、自分の前にかかえていては運ぶのがむずかしい。その時は、けが人を背負って引きさがってもよいだろうと思います。それと左助どのが着なさったよろいのたれが古くなってもいないのにひっちぎれてしまったが、それはよろいの板をとじつけた革糸《かわいと》が黒く染めてあるせいだと思いました。だいたい武具は黒いほうが強そうに見えてよいと思って、誰でもみんなすきなさるが、漆塗《うるしぬり》りは丈夫になるので別だが、黒く染めたものは糸でも革でも弱らせてしまうから武具に使うにはよくないものだという者もござる。まあ加助どの、でんとあぐらをかいていなされ。おれは以前外科《げか》の医者の薬箱持《くすりばこも》ちをしていたことがあって、刀や槍の切り傷突き傷の手当てのことはちょっと耳にはさんで知っております。手当てをされる時けが人はそっくり返ったり前かがみになったりせず寝っころがったりもしないで身体《からだ》をまっすぐにしているもんだ。風にあたらないようにして、大声を立てたり笑ったりせず、その上腹を立てておこったりもしないもんだ。第一に眠ってしまうとそのまま死んでしまうことがあるのでぜったいに眠ってはいけないぞ。けが人が眠くなるべいなら紙のこよりで鼻の先をくすぐって目をさませべいぞ。けが人に湯や水をのませないのはいうまでもないが、粥《かゆ》も水気が多すぎるから喰わせないもんだ。飯《めし》をやわっこくたいたのを喰わせべい。それから傷口がひどくうずいて痛くなるべいならば、自分の小便をのみなされろ。痛みがやわらぎますべい。銅の陣笠《じんがさ》でもしたくしておいて、自分の小便をためておいて痛い時にのみなされい。又その小便をよくさましておいて、あとであたためてその小便で傷口をあらえば、ひどくうずく傷口の痛みもやわらいでくるものだ。

夫丸《ぶまる》 ―― 茂助《もすけ》

夫丸　茂助

今朝《けさ》からのいくさでずいぶん駆《か》け走ったのでえらく腹がへった。喰《く》い物をこしらえべいから、首にひっかけた打飼袋《うちがいぶくろ》のじゅず玉のようにしばったむすび目をひとつほどいて一食分の米を陣笠《じんがさ》の中にいれなされい。なかには布袋《ぬのぶくろ》ごと米を水にいれて飯《めし》をたく人もござる。二日か三日の陣ならば、ものを喰わなくとももつべい。五日か七日のあいだのいくさならば、生米《なまごめ》だけをかじってもいられるべいが、何日かかるかわからぬいくさだし、飯をたく鍋《なべ》は足軽衆からおれたちまでみんな頭にかぶっている陣笠だから汚れていないもんでもない、腹をこわさないようにやわっこく米をたいて喰うべいぞ。おれのご主人は、木の弁当いれを持っていなかったが急にいくさに出ることになったので、弁当いれをつくらせる時間もなくて、ふだん食事しておられる大ぶりな飯茶碗《めしぢゃわん》の糸底《いとぞこ》をたいらに引き切って、長手拭《てぬぐ》いにひっつつみ、馬の鞍《くら》のしおでの紐《ひも》にくくりつけなさった。飯がたけたらあの碗《わん》によそってさしあげべい。

（茂助）

加助《かすけ》どの加助どの、けがをして目が廻るから気付けのためにといっても、ふだんのように湯や水をのまないもんだ。まずよく気持を落ちつけろ、あまりながい時間手柄《てがら》話《ばなし》をしすぎたので気持が張りつめっぱなしになり、腹の傷口からひどく血が流れ出しているぞ。その血は、流れ出るだけでなく腹の中にもたまるもんだぞ。腹の中へ血がたまると手当てのしようがないから葦毛《あしげ》色《いろ》の馬の糞《くそ》を拾ってきて水で煮たてて喰えば、腹の中にたまった血が早く身体《からだ》の外へ出て、傷口も早くなおるもんだ。腹の中に血がたまった時は葦毛色の馬の血をのんでも、腹の中の血をくだすというぞ。しかし馬というものはいくさのあいだじゅう大切なもので自分勝手に血をとるわけにはいかない。葦毛色の馬の糞を拾って喰ったほうが手っとり早いぞ。このことを考えれば、馬をいくさに連れてくるには必ず葦毛色の毛の馬を連れてくるべいものだと思うぞ。それとおまえの傷口から血が流れ出るのもあたりまえだ。見てみるとお前は柿色染めのひとえの着物を着ているな。柿色染めは血をかたまらせないで吸いとるものだからよけい血が流れて、切り傷や突き傷をなおすためにはよくないといわれているんだぞ。弥助《やすけ》が羽織《はおり》がわりに着てきた木綿の綿いれと着かえろ。さて飯をたいて喰い終ったら、このあいだ敵の領地の稲刈りあとの田んぼに残った株の根を掘りとってきたのがあるからよく煮てやわらかくして馬に喰わせべい。味方の領地の稲刈りあとの根株を掘りとると、来年米をつくる時土地がやせて稲の出来が悪くなるべいから、ぜったい掘りとらないもんだぞ。敵の領地の田んぼならば、来年の米の出来を心配することはない、かまわないから見つけしだい掘りとってやるべいぞ。

又《また》　槍担《やりかつぎ》――――――――古六《ころく》

今日《きょう》のたたかいで敵と味方の槍部隊の勝負が始まって、味方が勝ったので勢《いきお》いにのって逃げていく敵を追いかけようとしてもみあっていると、おれのご主人は左側の先頭にたって進みなさったが、おれはのんびりと部隊の右はじにとび出していると、とび出しすぎて敵にうしろ側にまわられてかえって追いたてられなんとか踏みとどまるべいと思ったがそうはいかない、やっと逃げ出して榎《え》の木につかまってやっと止まった。なにしろ五、六町（五、六百メートル）も追いたてられて今やっとここにいる。おそらくずいぶん逃げ出したと思うべいが、よく見ればいくさの始まった所よりずいぶん前へ進んでいるぞ。

（新六）

古六《ころく》よ古六、おまえの刀はどうしたのだ。長い羽織《はおり》を着てご主人の駕籠《かご》の前を歩くおさむらい衆の差す刀のようだが。

槍担 古六

（古六）

それはな、おれは長い羽織を着るおさむらい衆のまねをして長目の鞘《さや》の刀を差してきたが刀身《とうしん》が短いので鞘の中にすきまができていた、今朝《けさ》のたたかいでもみあった時、なかみの足りない鞘の先をへし折った。それで今度は鞘のほうの長さが短くなって刀の切先《きっさき》がとび出した。なんとも困ったこんだ。新六《しんろく》よ、こりゃどうしたらよかんべい。

（新六）

それにはうまい方法があるべいぞ。今日のいくさで追いかけられて首をとられたり部隊からはなれてけがした奴で殺されたのが何匹もいるべいぞ。そういう死んだ奴の刀をとりあげて持ってくるべいぞ。その刀の鞘《さや》だけもらってこわれた鞘のかわりに刀をつっぱめろ。

並中間　新六

（古六）

うんそうしべいぞ。そういえば味方にはちがいないがよその部隊らしい、おさむらいが一人、おれと同じようにいくさのさいちゅううろついていたが、味方の部隊を見つけて仲間にいれてもらおうとしたらば、味方同志のしるしの布を肩につけていたのが、もみあっているうちにぶっちぎれて、布のきれっぱしがちょっと残っているだけで他《ほか》になにも味方のしるしがなくて、その上味方同志が打ちあわせておいた相言葉《あいことば》を聞かれても、あわてていたのでその言葉もぶち忘れてしまって、あっちの部隊からはこづき出されるし、こっちの部隊にもいれてもらえないでいるうちに、どうしてこんなところに敵がまぎれこんでいるんだと、すぐに首を切り落されたが、あの男もおれのように味方同志のしるしを陣笠《じんがさ》にも、額《ひたい》にも首にも背中にも尻《しり》にもつけておけば、味方のよその部隊へもいれてもらえるべいが、味方のしるしをやっとひとつだけつけて、そのしるしはぶっちぎれる。他にはなんのしるしもなし、その上相言葉まで忘れては、思いもかけない味方に首をとられるようなことになった。味方同志でもよその部隊へまぎれこむなというきまりがあるのもこんなことにならないためだんべい。それにしても味方のしるしをなくした上に、相言葉まで忘れてしまうというのは、たいへんなあわて者だ。そんなことだから命をなくすという重い罰にあたるのもしようがないというこんだ。あんな目にあいたくないと思えば、鼻の先にも耳にもあごにも穴をあけて輪をつけてでも、味方のしるしをつけていたいこんだと思うぞ。おまえはこのことをどう思う。

（新六）

いやいやこんなにあちこちに四つも五つも味方のしるしをつけていては、もしこのしるしを落っことしたらどうしよう敵に拾われやしないかとはらはらしているのに、これ以上たくさんしるしをつけたくはないもんだ。

（古六）

うん、それもそうだな。それにもうひとつ、昨日から今日にかけて戦場を見てみると、鉄砲をいれる袋や馬の鞍《くら》おおいや馬のあぶみや馬を洗うひしゃくなどに、それぞれおさむらい衆の家の紋《もん》をつけたままたくさん捨てられていた。ほんとにみっともないこんだ。近頃は流行だといって、金や銀の箔《はく》をはった陣中屏風《じんちゅうびょうぶ》に自分の家の紋をまつくろに描《か》いたり、陣地をかこむ陣幕《じんまく》にいろんな画を描いた上に、家の紋を染めつけなさっている。あんなことはおさむらい衆のしきたりとして昔からあったものではないらしい。自分の家の紋を描いてあるから、陣中でもし火事などおきたら、ほうっておいて逃げ出すわけにもいくまい。陣幕《じんまく》は引きしぼって背負って逃げても軽いからよかんべい。ふたならびでひと組の陣中屛風なんかだとすくなくとも四、五人の者がひとつずつかつぎ出さなきゃならないし、火事騒ぎの人ごみの中でそんな大きなものをかついでいては念仏踊《ねんぶつおど》りのようにぐるぐる廻りをさせられるだけだんべい。何にでも紋をつけてどんないいことがあるというのだ。紋を大きく描いておくと屛風にはりつける金銀の箔がすくなくてすむからとでもいうのか。ほんとになぜなんにでも紋をつけるのかわけがわからない。そんなことをするよりは描きたければ紋のかわりにとんびでも豚でも蕪《かぶ》か大根でもくぬぎの実かさいかちの実の目印でも描《か》いておけば、陣地が火事になっても誰のものだかわかりやしないのだからほうっておいて、紋を描いた道具を運び出す人手を米置場にやってわらやむしろの袋に米をつめて背負い出させ火事がおさまったら焼け跡で陣地の番をしながら、陣幕《じんまく》のかげで、運び出した生米《なまごめ》でもかじっていた方がよっぽどましだんべい。部隊の旗や大将の馬じるしに全部紋をつけるなどということもいらぬことだ。わしら兵隊が身体《からだ》にくっつける陣笠《じんがさ》やよろいや背中に差す部隊の旗や笠につけるしるし袖《そで》につけるしるしや矢入れや弾薬《だんやく》入れにまで紋をつけては、そいつが死んだり敵にいけどられた時その紋の家までいけどられたといわれてもしようがないこんだ。部隊の目じるしの旗や使い捨てる道具や物にまでご主人の家の紋をつけるというのはその家にもったいないことをしてるこんだと思うぞ。

（補）

もったいないというのは、明暦《めいれき》二年正月のめいわくの大火事といわれた振袖火事《ふりそでかじ》の火の粉《こ》が舞いあがった年の一月十八日十九日の二日間、お江戸で今までなかったような大火事になった時、燃えあがった江戸の町から焼け残った帳面や書類の紙が北西の風にのって、房総半島の海岸へ吹きとばされた、房総の百姓がその焼け残った帳面紙《ちようめんがみ》を見ますと、そのあたりの土地を領地にしているおさむらいの家の台所の金の出しいれを書いた帳面だったのでびっくりしてしまった、こんなものがとんでくるからには領主の住んでいる江戸はたいへんな火事だとわかり、領主のおさむらいの所へ火事見舞として米や大豆《だいず》や馬の餌《えさ》や燃料になるわらや漬け物をつくったり洗剤にする糠《ぬか》などを馬にくくりつけ駆《か》けつけました、という話が残っている。そんなことを考えてみれば、家の紋など描いた陣中屛風《じんちゆうびようぶ》を火事場の中にほうっておいて、その焼け残った紙が風に吹きとばされたんべい時、何の何兵衛どのというおえらがたの陣地に火事があって陣中屛風も片づけずに逃げ出したと笑われるべいから、たいへん残念な思いをしな

ければならないこんだべいと思う。（補了）

並中間《なみちゅうげん》——新六《しんろく》

古六《ころく》よ古六よ、おぬしが話すのを聞くと、ほんとうにもっともなこんだ。おれたちの仲間《なかま》はみんな味方のしるしを三つも四つもつけているから、おぬしの話したように敵に出あって殺されるわけでもないのに、味方に首をとられるような目にあうことはあるまい。それではこんどは、どうやって敵を追いくずしたかという話を、おれが聞かせてやるべいぞ。まず敵も味方も先頭にたつ一番手は鉄砲部隊の勝負から始まって、次は弓部隊の勝負になり、両軍がむかいあって陣地をかまえた中間《ちゅうかん》が戦場になりここで勝負をすることになった、一番手柄《てがら》をたてようとまず槍の勝負が始まった、槍勝負の二番手につづいて槍勝負の脇をかためる刀や鉄砲のたたかいや、槍勝負に勝って槍の脇を守る敵の部隊も突きくずす手柄をたてようと、組みつき組みつかれる組み打ち戦になり首を切り落されたり、もぎりとられたりで、今日は大いくさだ。敵の首をとったつもりが味方をやっつけているかもしれないのでしょう、この首を持っていなければならないと、敵の首をたくさんとった者は首から鼻だけ切りとり切りとりためていたが、よろいの胸板《むないた》にもはいりきらないで、仏さまを拝む時の百八粒のじゅず玉のように鼻に糸をとおして自分の首へひっかけている者もいる、今こそこのいくさの勝負の分かれ目と攻めかかり、やりあっていると、味方の関東ざむらいで馬に上手《じょうず》に乗っている者たちが、今日の戦場は平地で馬のいくさにはむいているし、敵味方がもみあっているのもちょうどいい頃と見はからって、二番手の槍勝負には参加しないで、乗馬の上手をよりすぐった三十人ほどが一隊になり、馬に乗って槍を持つ者もあり、刀を持つ者もあり、弓を持つ者も、鉄砲を持つ者も、三十騎《き》がいっぺんに敵の右側から突っこんだが、敵も自分の左側から攻められたならばちょっぴり抵抗もできようが、右側から馬で攻められたのでは、なんの反撃もできずに、ただ騒ぎまわるばかり、そのうえ乗馬の一隊が攻めかかるとすぐ、一番手の部隊のもみあってない兵隊たちが鉄砲を射《う》って応援したので、敵はどうにも防ぎきることができなくて、味方はなんの苦労もなく敵を追いくずした。近頃のいくさはみんな馬をおりての攻めあいで、馬に乗っていくさをするということをながいあいだやっていない。関西のさむらいは関東のさむらいとちがって乗馬でたたかうのに馴《な》れていないので、馬に乗って攻められた時どう防げばよいかという心がけがなかったもんだと思うぞ。

（古六）

新六《しんろく》よ新六よ、関西のさむらいをそんなに悪くいわないもんだ。おまえも見たんべいが、昨日海岸を通った時、味方のどこの部隊だかわからなかったが、七、八十挺《ちょう》の櫓《ろ》で進む下関造《しものせきづく》りのいくさ船に乗った一隊がいた、その船めがけて小型の小早船《こばやぶね》に乗った敵がやって来た。

攻めかかり防いでいるのを見れば、味方の船は右舷《うげん》へ曲げるほうも左舷《さげん》へ曲げるほうも、いっしょにこぎあってもみあったものだから、船を安定させるおもしもろくに積まずこの船に何人乗れるかの計算もしないで、やたらと乗りこんでいた船は、ちょっとかたむいたなと思う間にそれをたて直すこともできないで、ひっくり返り、みんな海に沈んでしまった。関東のさむらいは船の乗りかたを知らないために無駄に死んでしまった。関西のさむらいならば、船の右のふなべりと左のふなべりに別れて乗って、片側のさむらいは昼寝をしてでも船の重心をとり、片側のさむらいだけでたたかうだろうから、乗っている人間が船をかたむけることもあるまいが、関東のさむらいは馬に乗れても船の乗りかたを知らなくて、魚のあんこうが木に登ったように手も足も出ないもんだと思え。やたらに関西のさむらいの悪口を申されるな。

又《また》 馬取《うまとり》――――孫八《まごはち》

今日のたたかいが味方の勝ちになったんべいならば、敵を追いかけてきっと川を渡ることになるべい。昨日からの大雨できっと川の水かさがふえているべい。流れもきっと矢を射《い》るよりも早くなっていべい。馬の手綱《たづな》は水を吸いこまぬようにうんとよりをかけてとりつけ、鞍《くら》を結びつける腹帯《はらおび》をがっちりと引きしめ、あぶみは流されぬように下縄《したなわ》をしてむすびつけた、鞍の下に敷く泥よけはひっぱがして捨てようかと思ったが、考えなおして鞍のうしろのしおでの紐《ひも》に荷物おおいのようにかぶせた。なぜそうするかといえば、ご主人が陣地で坐る敷き皮を持っていないので、この泥よけを敷き皮がわりにすべいと思う。それと、今頃敵の領地へ攻めこんだらちょうど麦の穂が実《みの》っているだろうから、穂先だけひきちぎってかぶっている陣笠《じんがさ》にいれて火であぶりかわかし、この泥よけを二重《にじゅう》に折ってそのあいだに麦の穂をはさんでこすれば、麦の穂のとげも皮もみんなとれて喰《く》える麦粒になるから、この泥よけは大切なもんだと思いなおして、鞍のうしろにむすびつけたが、なんとうまいことやったものではないか。

又《また》 馬取《うまとり》――彦八《ひこはち》

孫八《まごはち》よ、ほんとうに、おまえはうまくやったな。おれがさっき川のむこう岸でご主人に申しあげていたことを聞いたか。

（孫八）
いやその時ちょうど鉄砲を射《う》つ音がして、耳がばかになってなにも聞こえなんだが、ご主人になんと申しあげた。

（彦八）
それはなわしら二人の馬取りは、ちょっとばかり泳ぎができますから、ご主人が馬

馬取　彦八

馬取　孫八

に乗って川にはいられた時、手綱《たづな》の引き手金《がね》をひっつかんで馬を泳がせますべい。二人のうち、どちらかがくたびれた時は、馬の口にかませたくつわにつかまって泳ぎますべい。そうすれば、馬も人もおたがいに泳ぎよいもんでござる。それから馬を川へ乗りいれなさるとすぐに、馬は必ず後足《うしろあし》だけでまっすぐ立とうとするものでござるから、こちらの草履取《ぞうりと》りもみぞくらいなら渡れるくらい泳ぎますから、馬の尻尾《しっぽ》につかまらせて泳がせられて、馬が立ちあがりそうになるべい時、尻尾をうしろからかつぎ上げて、馬を平らにして泳がせれば長持ちびつが川を流れていくようにまっすぐ浮いているものでござる。それに、こちらの槍持ちと召使《めしつか》いの二人は、鉄砲の鉛玉《なまりだま》と同じで水の中では沈むしかないものだから、この二人だけは左と右のしりがいの紐《ひも》を短く引きしめてそこにつかまらせ馬が泳ぐのをたよりに川を渡らせなされ。この五人の家来が一匹の馬にとりついて渡るべいならば、どんな大きな川がまっさかさまに落ちる滝のように流れているべいでも、渡れないということはございますまい、と申しあげたらば、ご主人はうんともすんともいわないで、おびんずるさまのようににっこり笑われて、さんしょうの粉にむせたように、あごをこっくりこっくりと二、三度のびちぢみさせなさったが、わしのいったことが気にいられたと見えてざんぶと川へ乗りいれられたが、このご主人の馬はその昔源頼朝公が佐々木高綱どのにあたえられて宇治川のたたかいで先頭をきって川を渡った生食《いけずき》という馬にも負けない馬で、乗り手は手《た》綱《づな》を持っているだけで何もしなくても泳ぎ渡ってしまったが、他《ほか》の馬は強い流れに流されて弓なりに、やっとむこう岸に渡った。ご主人の馬は槍のようにまっすぐ乗りつけなさったので、わしらのご主人と家来の六人は、まっさきに川を渡りきって、鞍《くら》が水面から出るか出ないかでご主人はいつでもたたかえるように馬をたて直されて、岸へ乗りあげるとすぐ敵の首をひとつとりなされたが、ほんとに勇ましいこんだ。それにしても、川の渡りかたをよく知っているわしら二人の馬取りがよく話しあって気持をあわせておくのが第一だ。もしご主人が馬からおりられてたたかわれることがあるべい時は、敵を攻めくずし、味方が勝ちに乗って追いかけていると、ご主人を馬に乗せることはたいへんむずかしいものだ。そんな時は背中に差した部隊の目じるしの旗をさがせばご主人のいる所がわかるが、味方の中には同じ旗を差している部隊も多いから、それぞれ旗の先に出しというかざりをつけている。わしらのご主人の旗についている出しは酒屋が看板にしている杉皮を丸く玉にした酒林《さかばやし》だぞ。その出しを見失わぬようにしてご主人を見つけたらすぐ馬をひきつれていってお乗せするべいぞ。よく心がけておくべいこんだ。背中に差す目じるしの旗はみんな目立つものがいいといっても呼びにくい名前の目じるしはよくないもんだ。いくさのいそがしい時にはいちいち人の名前を呼んでいられないので、人を呼ぶ時旗の色や形やその先についた出しの名前で呼ぶものだに、たとえ名前がよく知られているものでも、味噌こし（ざる）とか切匙《せっかい》（すり鉢のへら）とかすりこぎとか貝じゃくしとか、いくら人がよく知っているものでも、サ行の音がたくさんあったりするとやっぱり呼びにくくてよくないから、旗や幕につけるしるしのようなものも、召使いや下男でもよく知っているもので短く呼びやすいものを、しるしにするべいもんだ。それから川を渡る時には、溺《おぼ》れてひどく水をのむ者もあるべい。その時は石灰《いしばい》を水でかためて、尻《しり》の穴へおしこんでおけば、そのうちにのんだ水がくだるもんだという。 水がくだってから喰《く》い物をやればいいがいっぺんには喰わせないものだぞ。

繪解　雜兵物語

陣形

戦国時代の千五百〜二千石級の一般的な陣形を示したものである。旧来の槍、弓に加え、鉄砲の導入で、当時の戦略・陣形は大きく変化し、寄せ集めばかりの雑兵達も組織化され、戦の勝敗を左右する重要な役目を担うようになった。その他に、馬印、小荷駄隊、主に雑用を任ぜられた夫丸などが、雑兵の役目である。

千五百～二千石級の武士の陣形

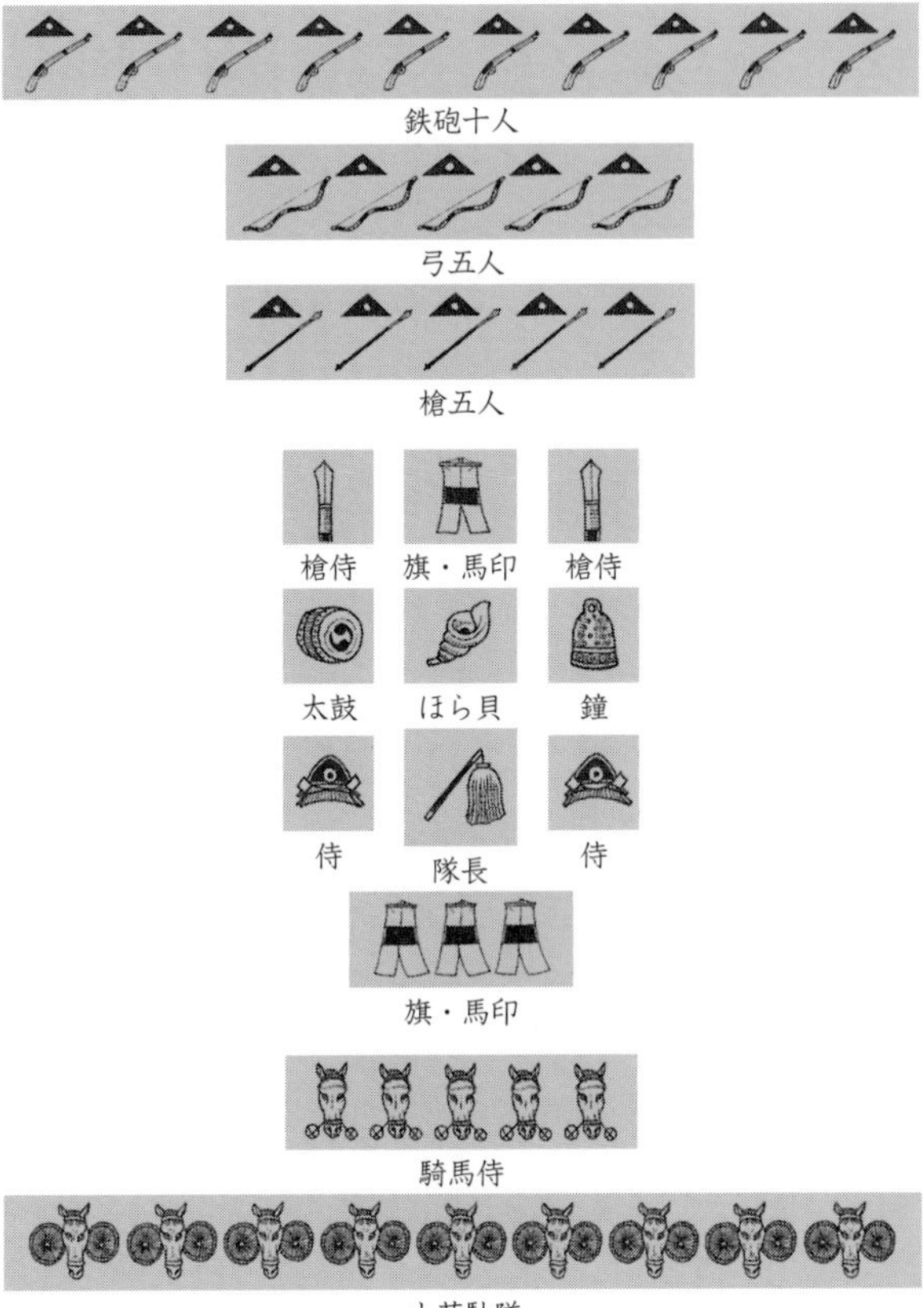

火縄銃

火縄筒ともいう。一度撃てば、矢より早く、二町でも三町でも飛んでいく。集団で突撃するのが当時の戦略なので、訓練を積んでいない未熟な雑兵でも、鉄砲を握るだけで十分に効果があげられた。

引金を引くと、火蓋が切られ、火縄を挟んでいる火鋏が火皿に打ち付けられる。火穴から銃身内の火薬に引火し、弾丸が発射される。

戦場で用いられた火薬は、硝石、硫黄、木炭が成分の黒色火薬と呼ばれるもので、威力にこそ乏しいが、その噴煙と轟音は凄まじく、人馬を狼狽させるには十分だった。

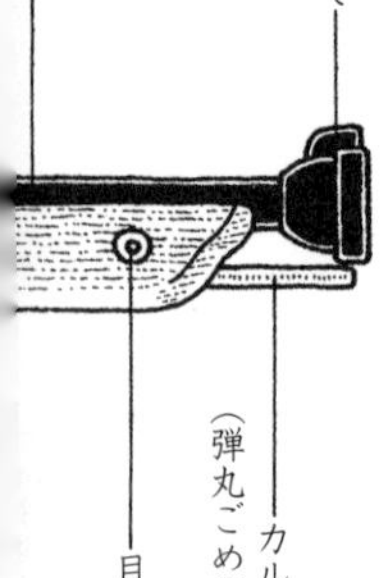
目当て
巣口
銃身
カルカ（弾丸ごめ棒）
目釘

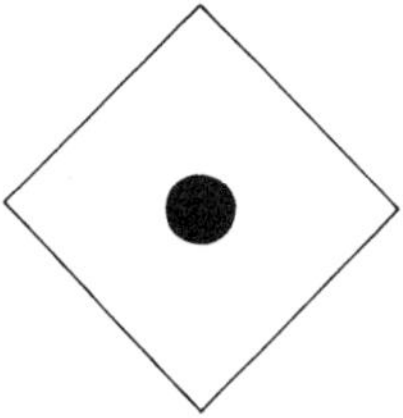
角射ちの的（角という）
十五間（二十七・三メートル）の距離から射つ
八寸四方の板に二寸の星

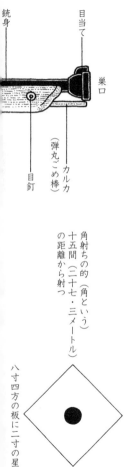

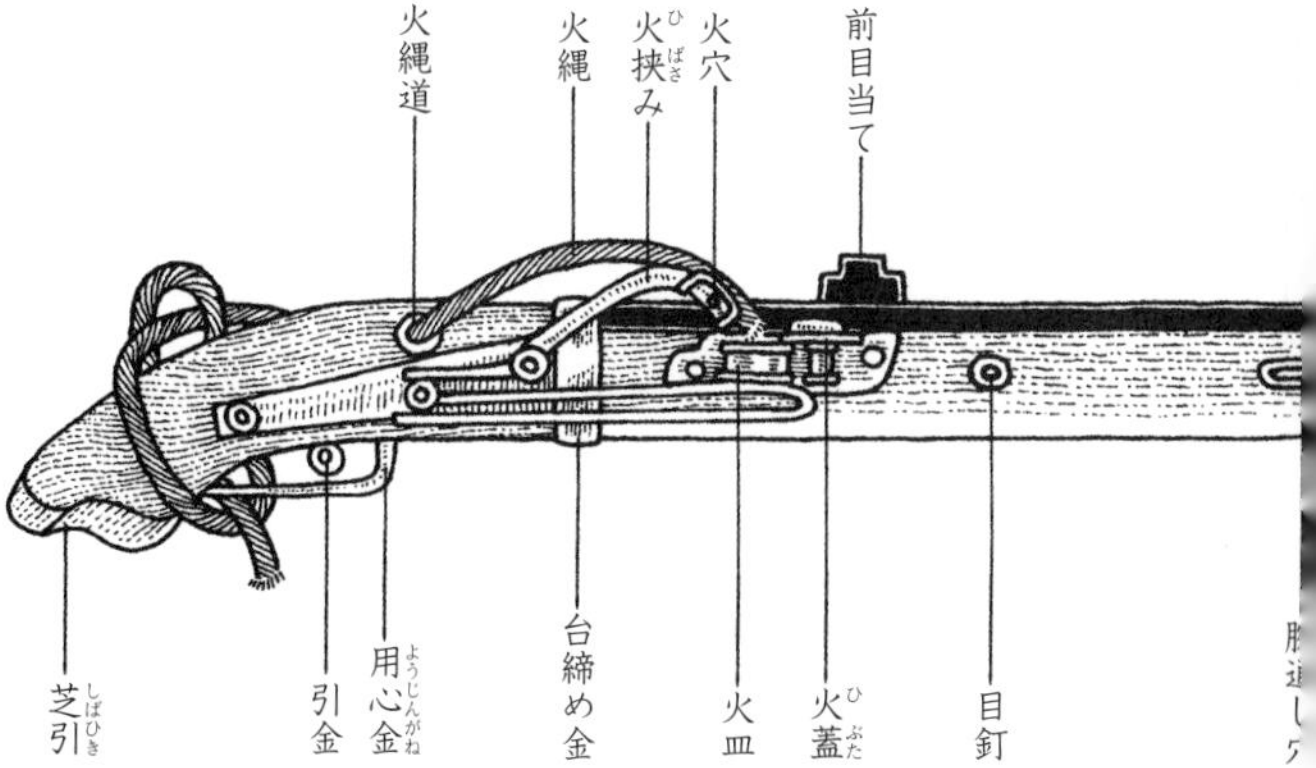

前目当て
火穴
火挟《ひばさ》み
火縄
火縄道
目釘
火蓋《ひぶた》
火皿
台締め金
用心金《ようじんがね》
引金
芝引《しばひき》

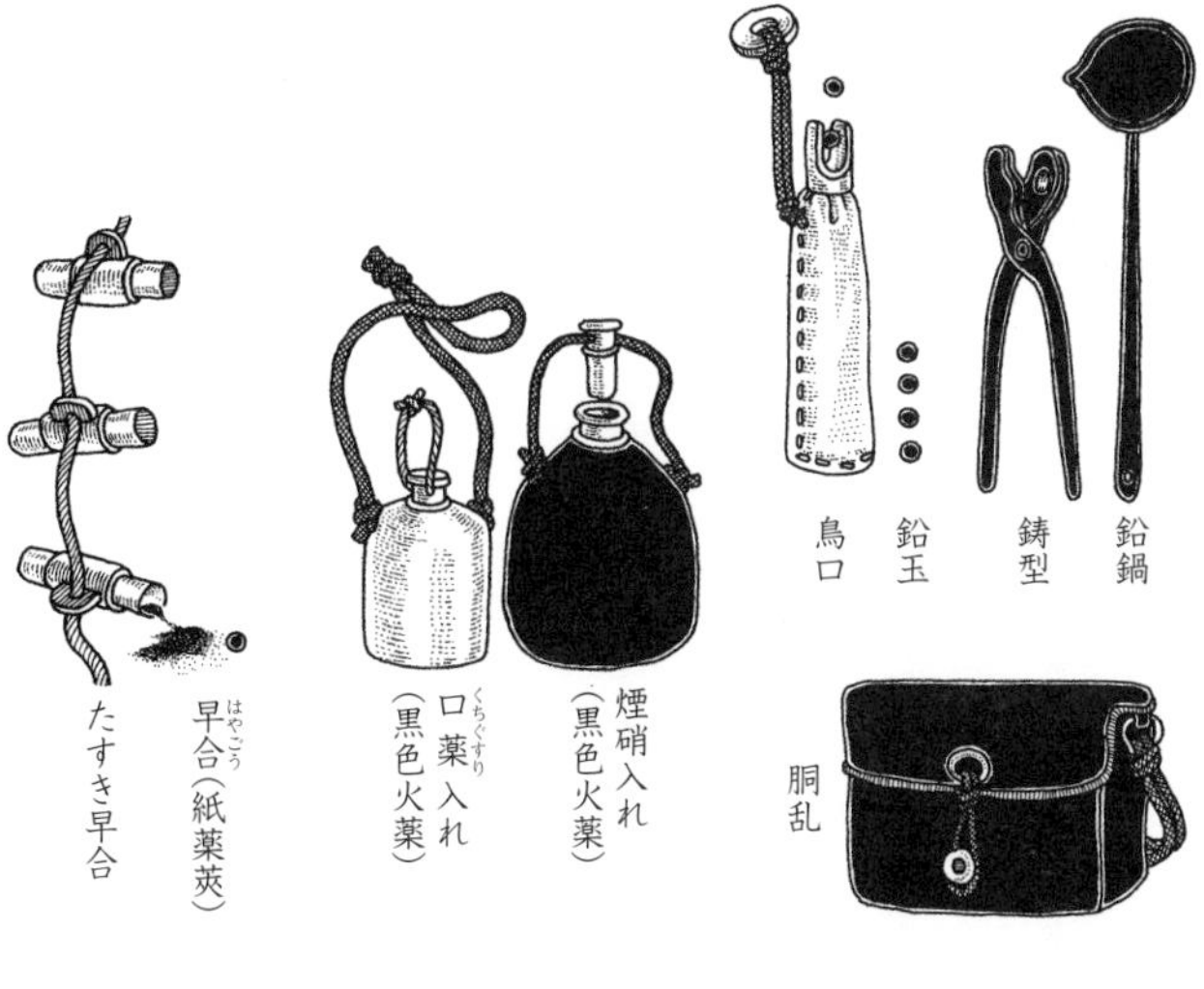

鉛鍋
鋳型
鉛玉
鳥口
胴乱
煙硝入れ（黒色火薬）
口薬《くちぐすり》入れ（黒色火薬）
早合《はやごう》（紙薬莢）
たすき早合

黒色火薬のつくり方

①建築後五十年以上たった家の床下三十センチの土を掘りとり乾燥させる

②火であぶってみてはじけると硝石がある

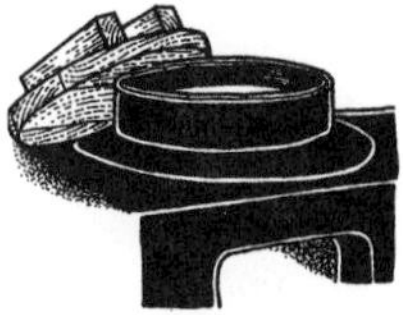

③白い結晶をにかわといっしょに釜で煮る

④榧《かや》の桶に入れ板ぶたをかぶせむしろをかける

⑤さめたところでわらのあくといっしょに水をいれ煮る

⑥煮上がると炭の粉といっしょに石臼でついておく

⑦石臼でひき、絹ふるいにかける

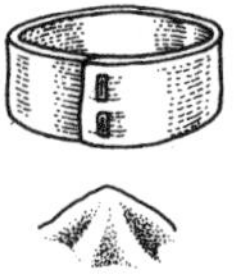

⑧硝石七十パーセント炭の粉十五パーセント硫黄十五パーセントの割合で混ぜ合わせると黒色火薬

火縄のあつかい方

火縄は木や竹の繊維を縄にし黒色火薬か硝石の溶液につけ乾かすと出来あがり一メートルぐらいに切り分け手首に巻いて使う

四十センチの火縄が四時間くらいで燃えつきるようにつくる

土に差して使う火縄かけ

雨よけの火縄桶

巻いて使う火縄筒

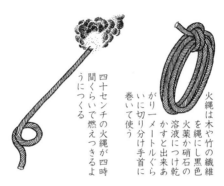

弓

弓矢の道と呼ばれた武士の表道具・弓は、鉄砲伝来以降、戦での扱いが最も変容した兵器である。

弓は、鉄砲ほど遠射は望めないものの、矢継ぎ早に射てる点において勝り、装填から発射まで時間のかかる火器の欠点を補った。

弾切れ、火縄の紛失、雨天となれば、鉄砲は役に立たない。その折りにも弓は、重宝された。

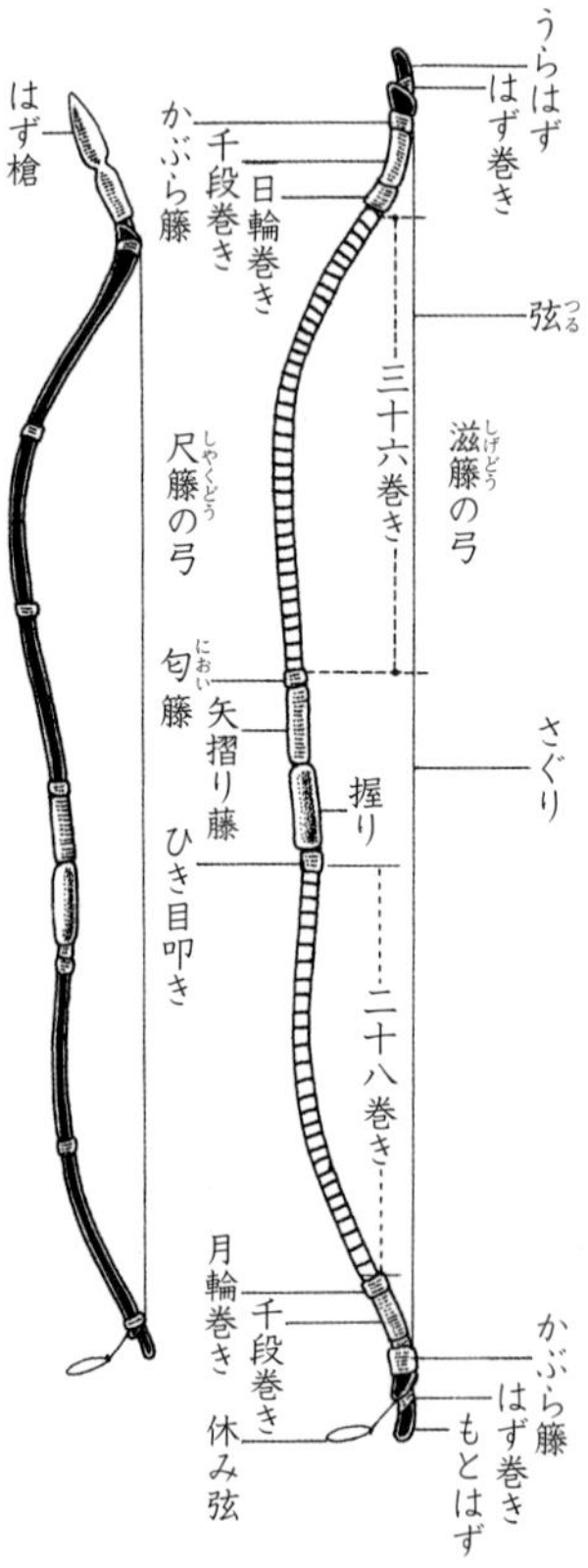

的場《まとば》（練習場）

矢

雑兵の撃つ矢は、上手下手入り混じっていたので、矢襖《やぶすま》となり、それが絶大な効果を挙げることもあった。鉄砲に比べ費用も遥かに安く、敵の矢を拾って利用することもできる。修繕も容易であるため下級武士や足軽等の武器として利用された。

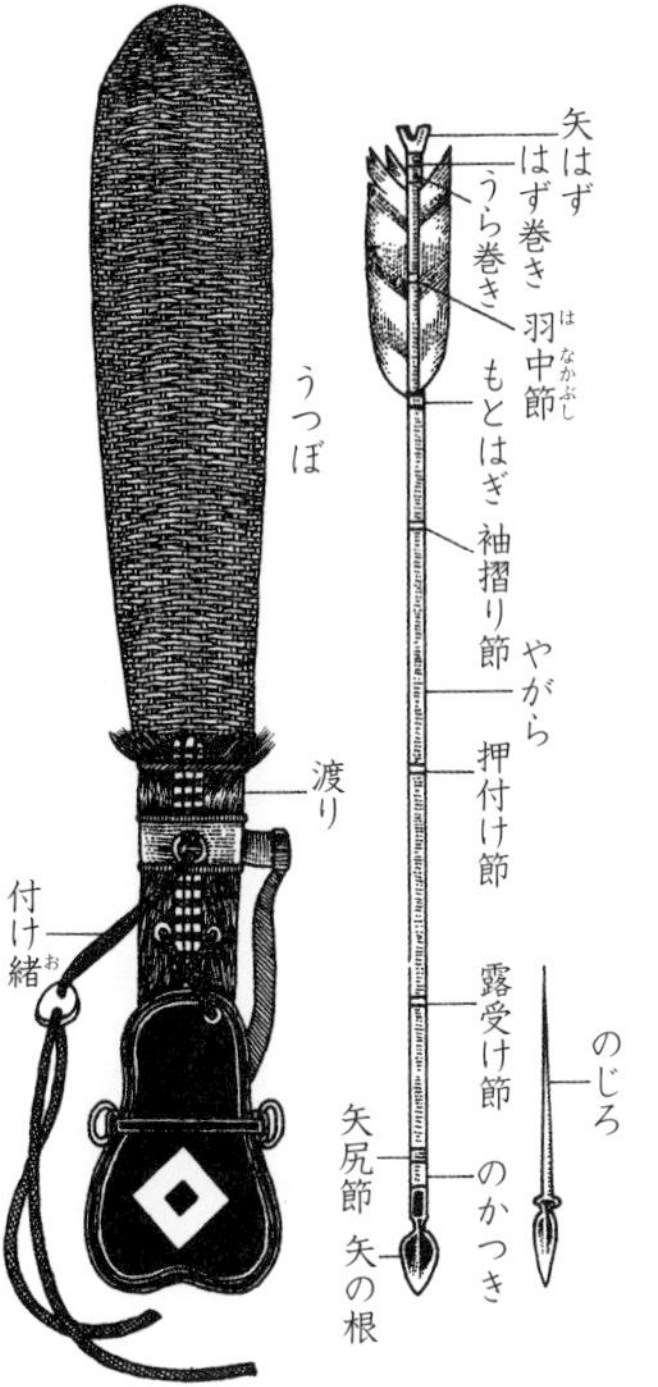

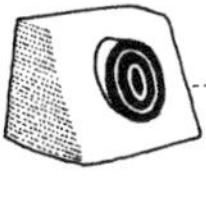

弓杖三十三本分

羽根・矢じり

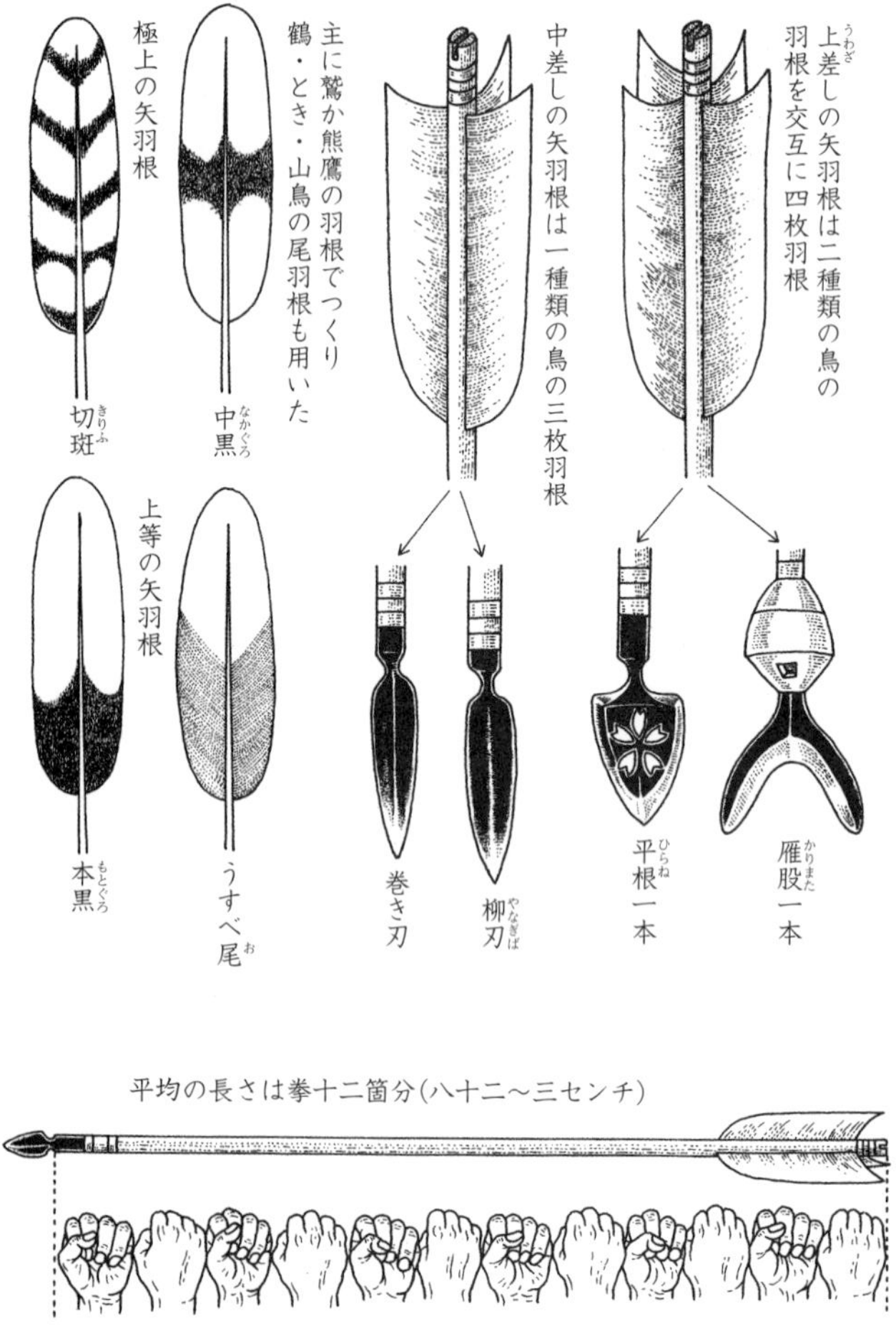
上差《うわざ》しの矢羽根は二種類の鳥の羽根を交互に四枚羽根
中差しの矢羽根は一種類の鳥の三枚羽根
主に鷲か熊鷹の羽根でつくり鶴・とき・山鳥の尾羽根も用いた
極上の矢羽根
中黒《なかぐろ》
切斑《きりふ》
上等の矢羽根
うすべ尾《お》
本黒《もとぐろ》
雁股《かりまた》一本
平根《ひらね》一本
柳刃《やなぎば》
巻き刃
平均の長さは拳十二箇分(八十二〜三センチ)

槍

戦場での功名は、一番槍、二番槍と穂先の功名を第一としたので、ひとかどの武士はみな槍を持つようになった。まったくの未熟者でも操作できる長柄兵器であるので、寄せ集めの雑兵でも団体にして訓練すれば大きな戦力となる。そこで抱え主は、「御貸槍」として雑兵に槍を貸し付け、槍組足軽隊を編成した。

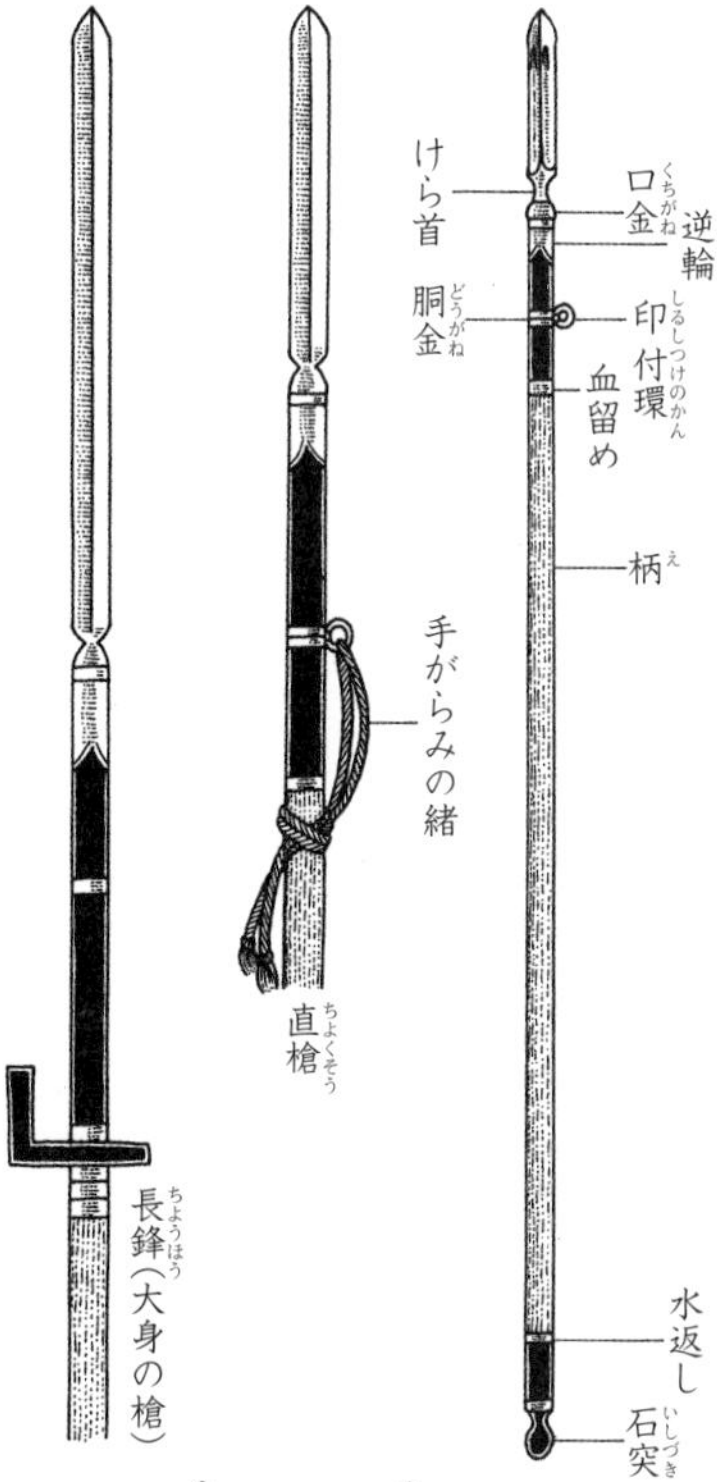

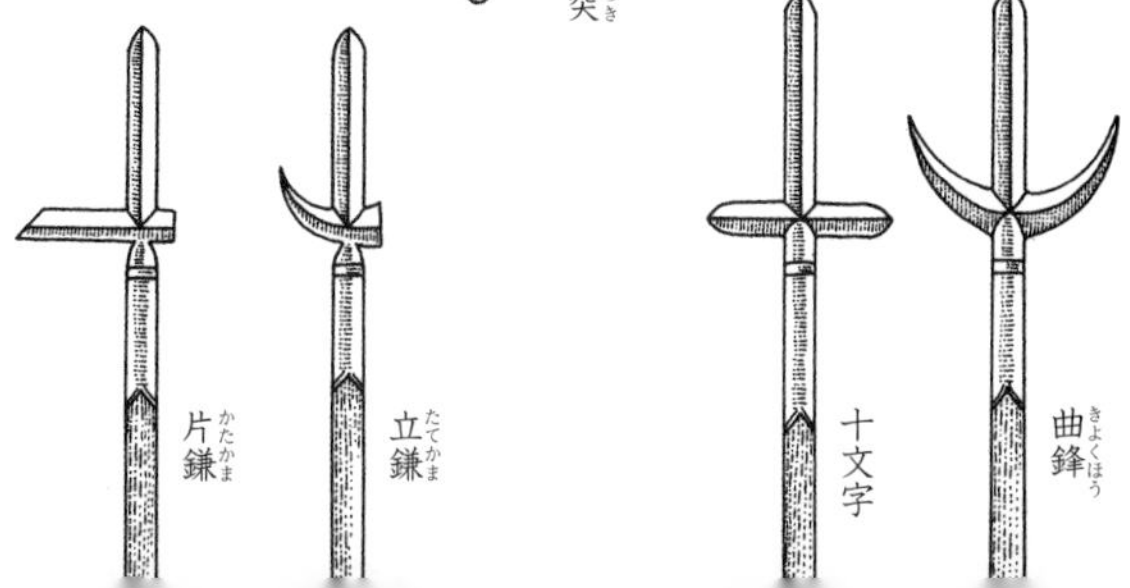

馬・馬具

日本馬は、現代馬より遥かに小型であった。鈍重という重大な欠陥はあるものの、困苦に耐え、飢えを凌ぐ耐久性を備えていたので重宝された。馬は兵馬の役目ばかりでなく、兵糧や野営道具を運搬する小荷駄隊の足としても活躍した。

馬具は、古代から現代に至るまで、多少の形式的な違いはあるものの、いずれの民族も用いる部品は同じである。

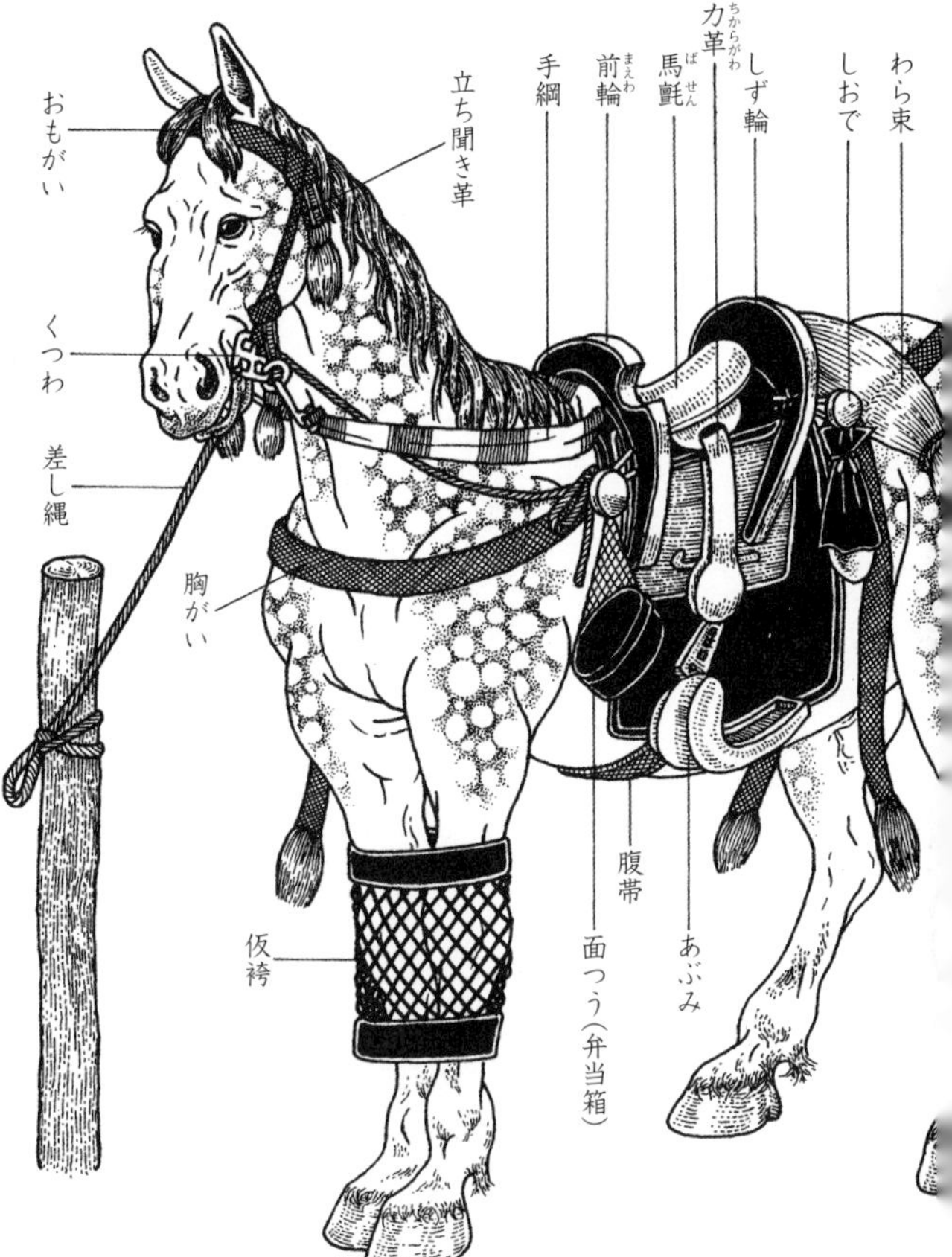
わら束
しおで
しず輪
力革《ちからがわ》
馬氈《ばせん》
前輪《まえわ》
手綱
立ち聞き革
おもがい
くつわ
差し縄
胸がい
仮袴
面つう(弁当箱)
腹帯
あぶみ

戦陣鞍の着装

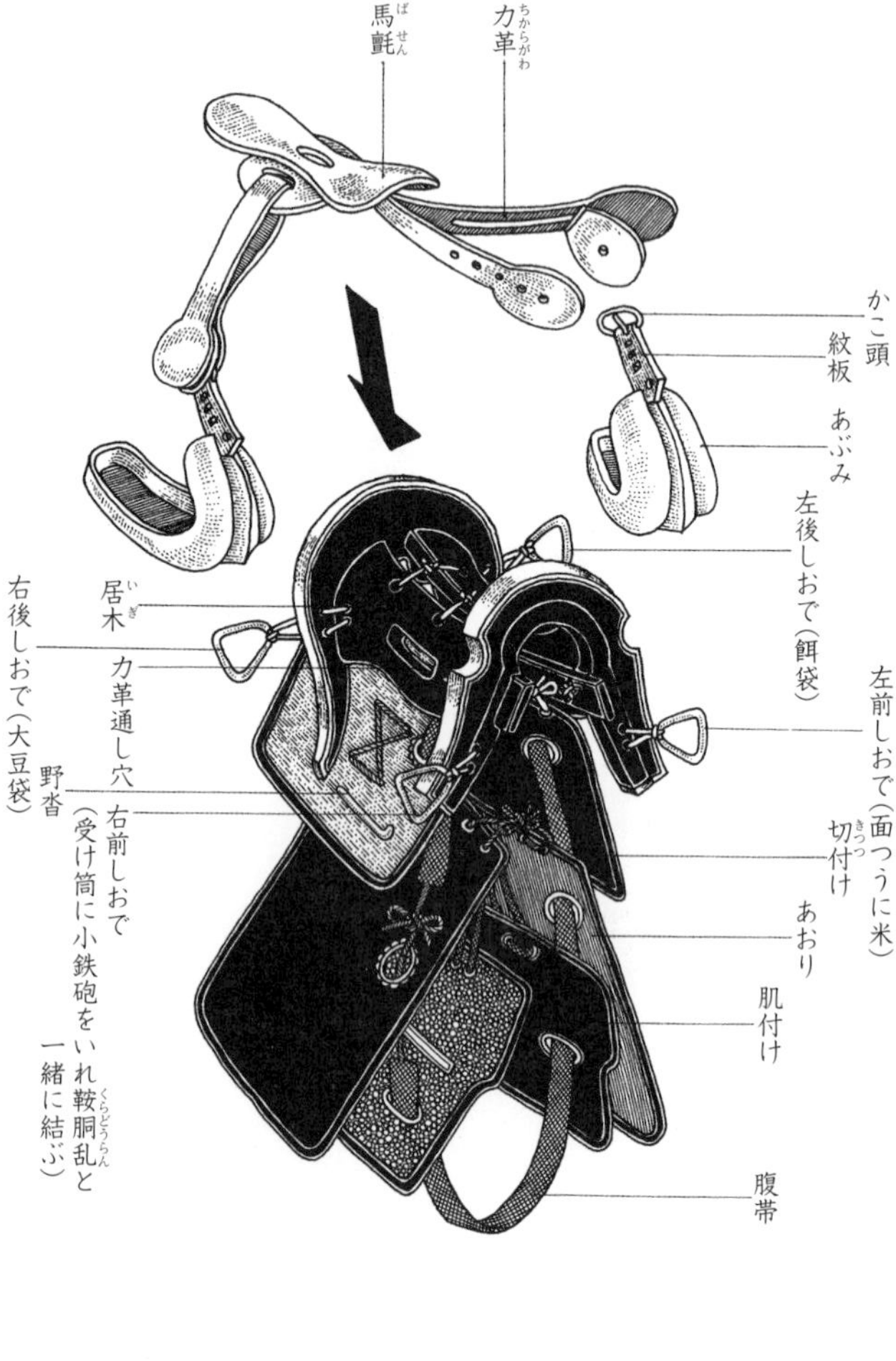

馬氈《ばせん》
力革《ちからがわ》
かこ頭
紋板
あぶみ
左後しおで(餌袋)
左前しおで(面つうに米)
切付《きつつ》け
あおり
肌付け
腹帯
右後しおで(大豆袋)
居木《いぎ》
力革通し穴
野沓
右前しおで
(受け筒に小鉄砲をいれ鞍胴乱《くらどうらん》と一緒に結ぶ)

当世具足

足軽集団には、鉄砲足軽、弓足軽などがあり、最前線を担う大きな戦力として機能した。各自の甲冑・武器を持つ余裕がないので、抱え主が一切の準備をした。大量に安価で調達された当世具足は、粗末なものが多い。

薄手の鉄片と練皮を合わせただけの胴、篠や麻布を縫いつけた籠手や臑当、兜は陣笠で代用し、草履の緒は、火縄の代わりにできた。雑用をこなすため、籠手には手甲はつけず、走り回るので臑当は外しておき、臑布に草履という雑兵もいた。

当世具足の名所《などころ》

当世具足には、必ず指物付の装置として合当理《がったり》・請筒・待受が備えられていた。合印の他、個人の用いるものは、好みに任せられていた。

指物は剛勇の士が用いると、その意匠は敵味方の知るところとなるので、一度指物を決めると変更されない。著名の敵を討取るとその指物を証拠として持参するのが心得であった。

雑兵着装束布子《ぬのこ》付け

①
ふんどしをしめ

②
死んだ時はずれぬよう
前下がりを首の後ろに結ぶ

③
旅支度をして股引、脚絆にたすき

④
刀をさして手甲《てっこう》をつける

⑤
よろいに手を通し

⑥
繰締《くりじめ》はきんかくしの下に結ぶ

⑦
手拭いをかぶってから笠をつけ
じゅず打飼《うちがい》を肩にかけ後ろで結ぶ

⑧
布子《ぬのこ》を羽織り
すそを縄で結ぶ

⑨
手拭いを首にまき
わらじをはいていざ出陣

八丁堀同心の巻羽織《まきばおり》は
この名残り

馬印、指物

大将の所在を示すために立てる目印のこと。その馬の傍に置くので馬印という。大形のものを大馬印といい、背中の指物として使えるくらいのものを小馬印とした。

大馬印は遠望がきいて、それだけで威容である。重量も相当にあるので二人三人、交代で持った。とりわけ豪勇の足軽に持たせ、その馬印持は、背に太い請筒、右腰に柄立皮を装備。足軽の中でも花形的存在だった。

指物は個人および部隊の識別のためにつけた印で、背負うよう竿で用いた。戦では、巨大で重量のあるものは活動の妨げとなるので好まれず、大きさは四半（正方形と半分を足した規格）、竿は細く良く撓《しな》うものが選ばれた。

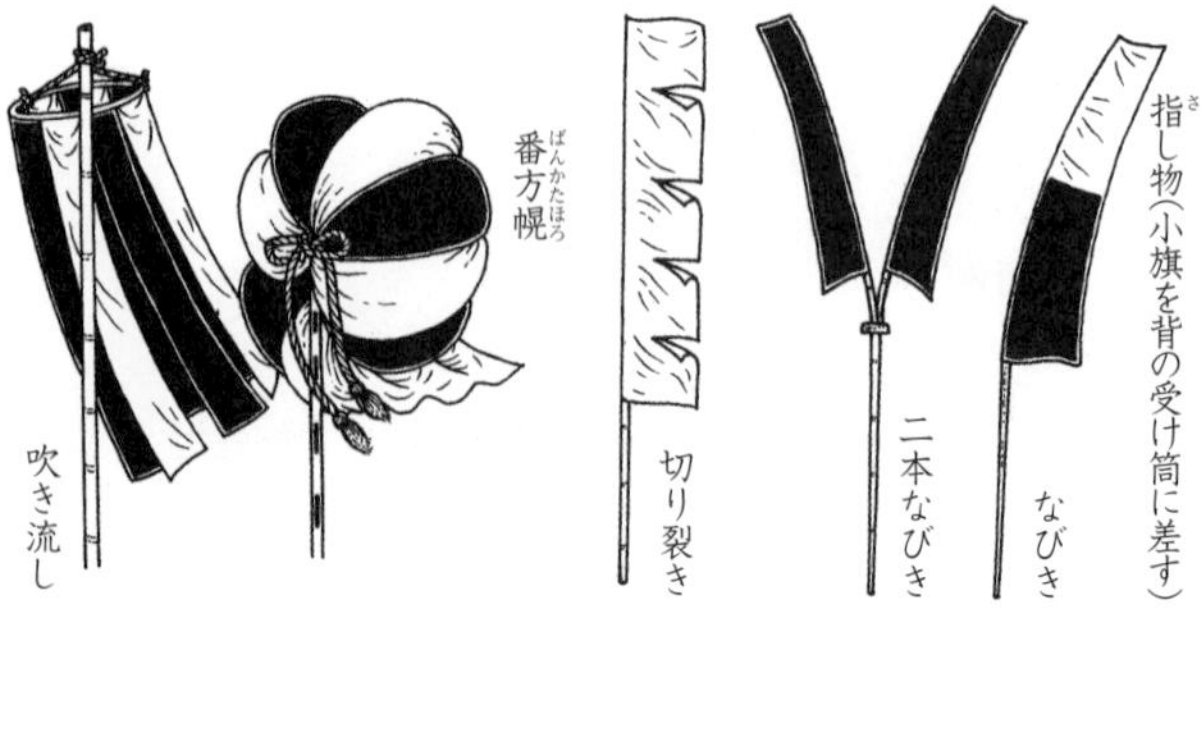

味方を確認する目印

笠印《かさじるし》

袖印《そでじるし》

射向けの袖（左側）前寄りに付ける

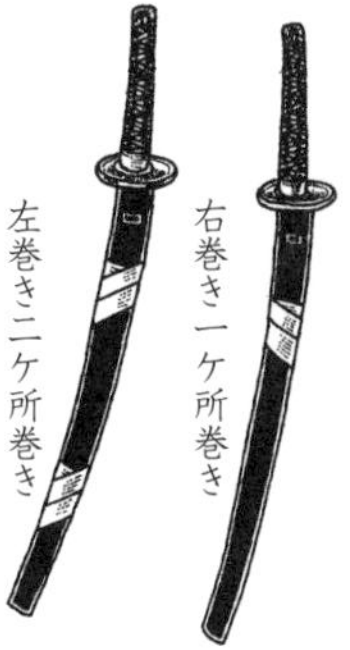

刀印（鞘に紙を巻きつける）

右巻き一ケ所巻き

左巻き二ケ所巻き

母衣《ほろ》（幌）

挟箱

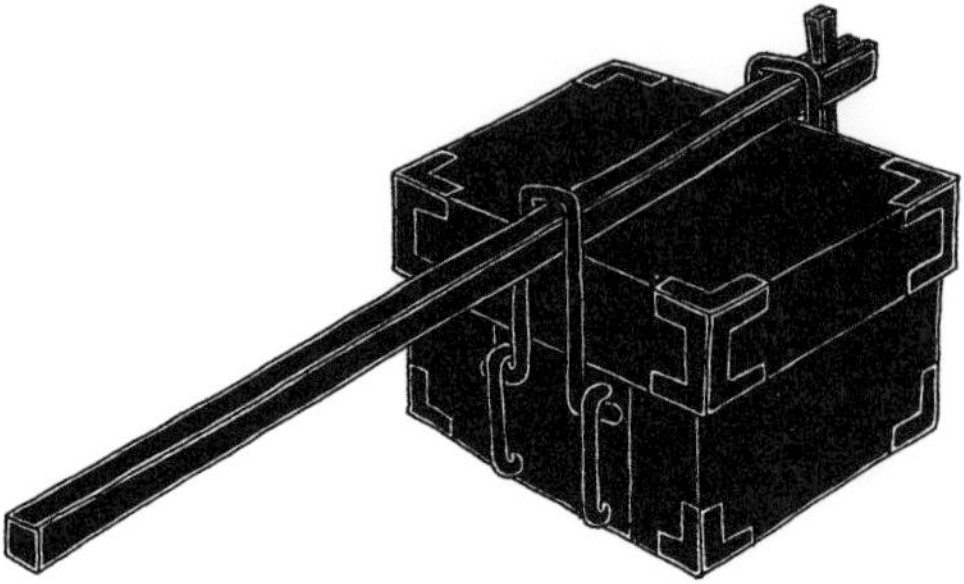

挟箱には騎馬侍以上の諸道具をそれぞれに、一括していれた。担いで歩くのはもちろん雑兵だった。

挟箱の中身

着替え
かたびら
陣羽織
むかばき
合羽と渋紙
足袋
わらじ
毛け沓ぐつ
下帯
上帯
晒し布
細引き
母ほ衣ろ
采配
むち
扇
鼻紙
付け木
木枕
櫛道具
洗面具
水筒
水吸い
茶道具
銭
筆墨
奉書など

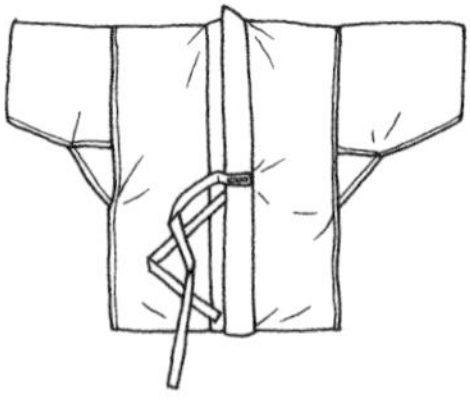

よろい肌着

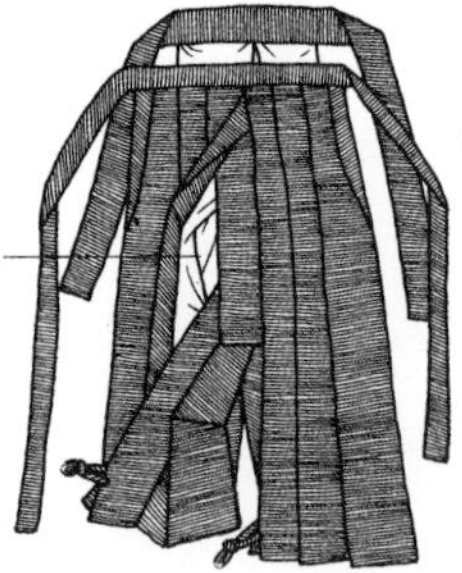

よろい袴

弓《ゆ》がけ手袋

武者足袋

足軽一人が出陣するとき持参するもの

これらのうち、五百匁（匁＝3・75グラム）は自分で持ち、あとは荷駄馬の荷物となる。他に食糧として一人一日六合の米、一勺（勺＝18ミリリットル）の塩、二勺の味噌、一升の水が必要となる。

これらを出陣人数、日数分だけ積み、副食、梅干し、薪などもまとめて小荷駄隊とし牛馬二頭に三人の口取り、護衛の雑兵といった編成で運んだ。

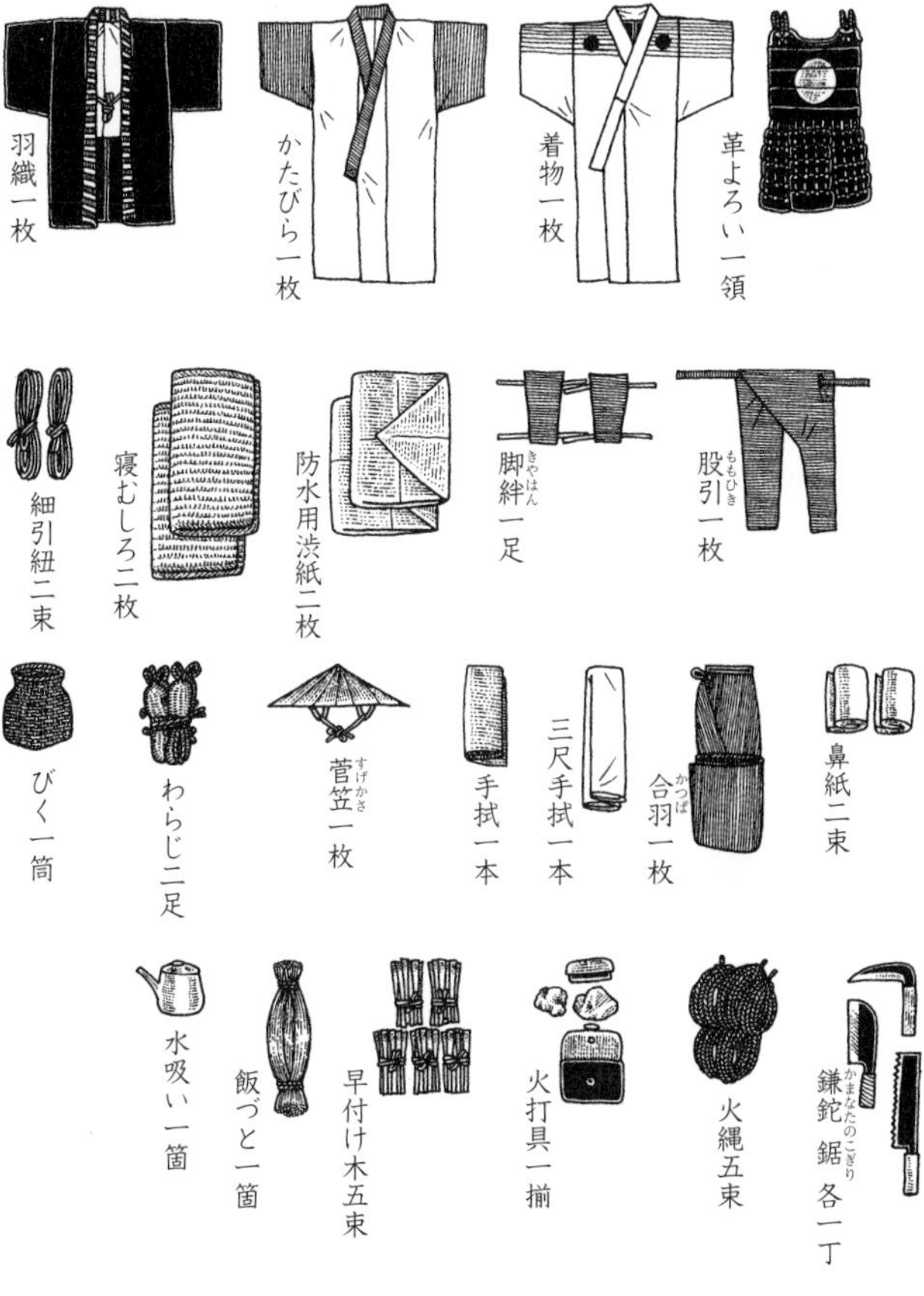

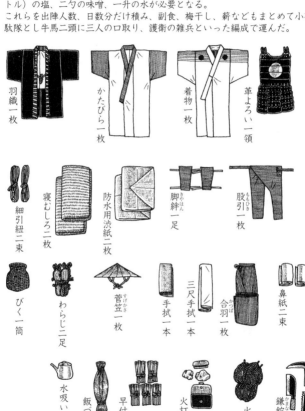

夫丸《ぶまる》の仕事

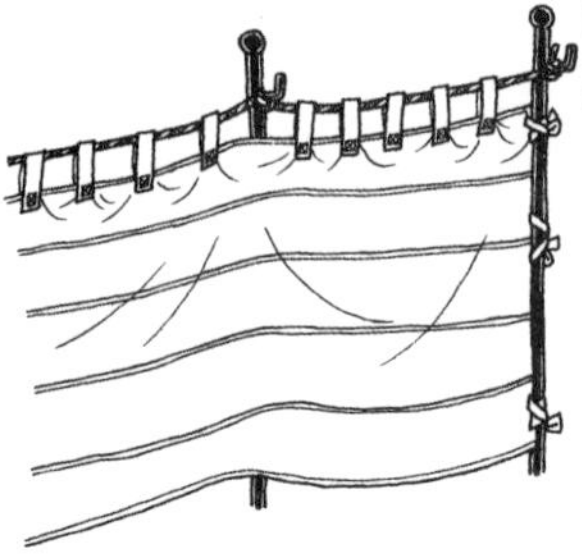
陣幕張り

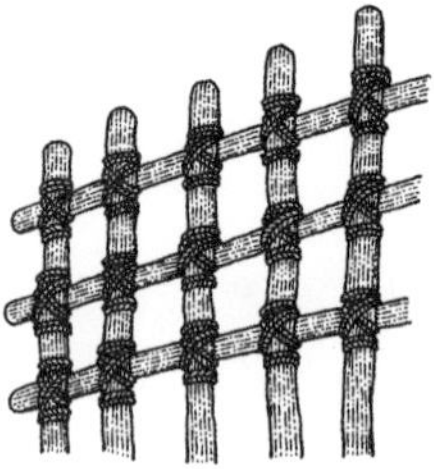
柵作り

死体処理

堀・濠掘り

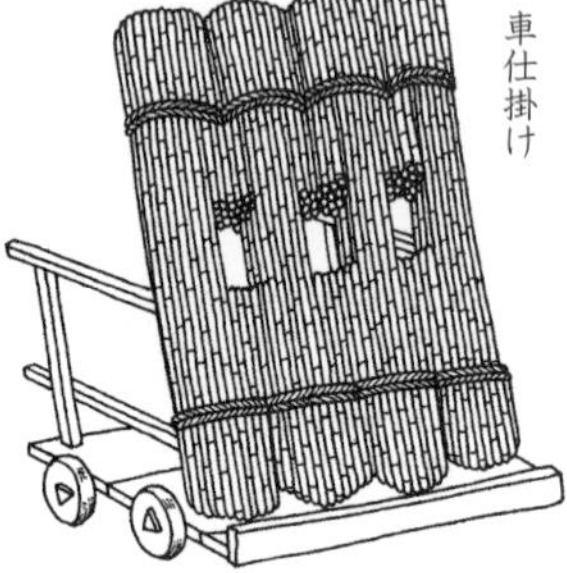
車仕掛け

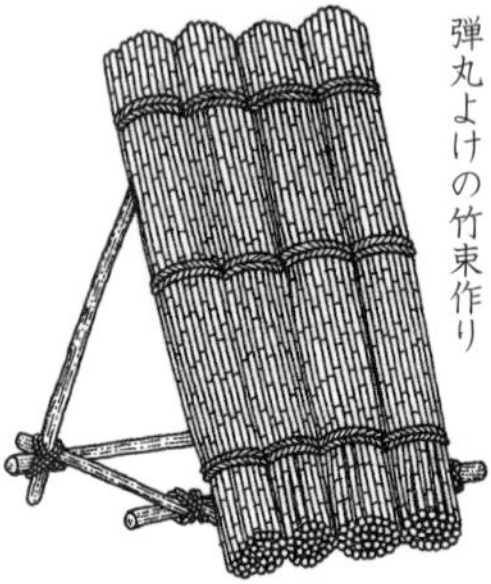
弾丸よけの竹束作り

戦場養生法

暑さ寒さにあたらぬために毎朝
こしょうを一粒かじる

こごえないためには身体中に唐
辛子をすりこんでおく

のどがかわいたり息がきれると
梅干しを眺めるとよい
食べるとよけいのどがかわく

水あたりしないために杏の種の
肉を絹に包み、鍋にいれて上澄
みを飲め

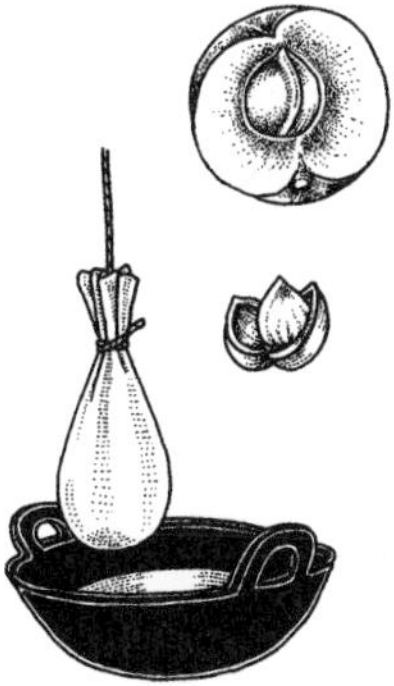

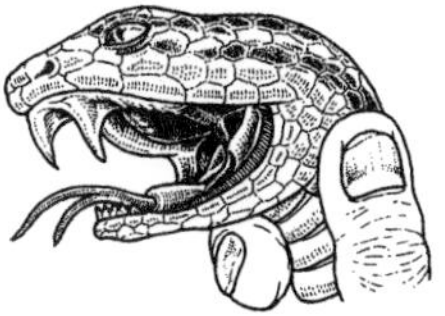

まむしにかまれたら
傷口に火薬を一匁（三・七五グラム）
のせて火をつければ毒はぬける

敵地の井戸には人糞が沈めてあ
るから飲むな
死体の血か泥水の上澄みを飲め
又は故郷の水田でたにしをとり、
身をとり出してかげ干しし、鍋
にいれて上澄みを飲む

負傷したときの心得

風のあたらぬ所であぐらをかき
眠らぬようにする

柿色染めの布は血を吸いとる

湯や水を
飲まない
ようにし
おかゆよりは
柔らかく
炊いた
飯を
喰う

矢は手で抜かない
釘抜きか毛たて箸で抜く

傷口が痛むときは自分の小便を
飲め
小便をあたためて傷口を洗って
もよい

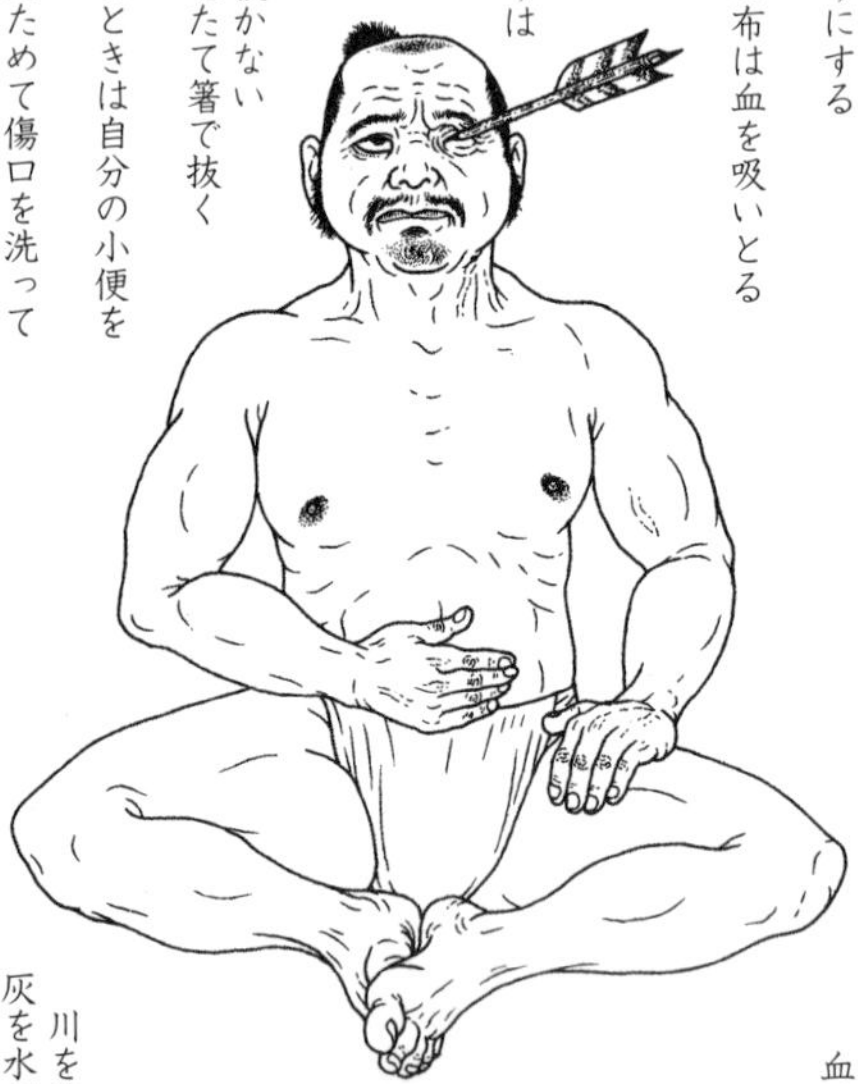

出血が身体の中へたまらないた
めには葦毛馬の血を飲むとよい
葦毛馬の糞を水で煮て飲めば
血は下る

川を渡るとき水を飲んだら石
灰を水で固めて尻の穴へいれて
おけば水が下る

参考文献

『図巻雑兵物語』（監修浅野長武・校註樋口秀雄　昭和四十二年　人物往来社）
『雑兵物語索引』（金田弘著　昭和四十七年　桜楓社）
『雑兵物語研究と総索引』（深井一郎編　昭和四十七年　武蔵野書院）
『戦国武家事典』（稲垣史生著　昭和三十七年　青蛙房）
『足軽の生活』（笹間良彦著　昭和四十五年　雄山閣）
『改訂増補下級士族の研究』（新見吉治著　昭和四十年　日本学術振興会）
『有職故実図鑑』（河鰭実英編　昭和四十六年　東京堂出版）
『陸軍80年』（大谷敬二郎著　昭和五十三年　図書出版社）
『明治時代警察官の生活』（岡忠郎著　昭和四十九年　雄山閣）

解説　雑兵上がり

池内　紀

私の郷里は兵庫県姫路市である。古い国名でいうと播磨国《はりまのくに》であり、通称が播州《ばんしゅう》。江戸のころは姫路藩十五万石、しんがりの殿さまは酒井家といった。

その藩主を祀る姫路神社に『酒井家武者行列絵巻』というのがあって、槍をかざした行列が、大道狭しと押し通っていくさまを描いている。列の終わり近くに簡素な羽織袴で二本差し、御幣《ごへい》のようなものを捧げもったのがいて、脇に「池内太郎左衛門」としるしてある。下級武士で、足軽クラスだったと聞いている。

家老や重臣が細面の美男子に描かれているのに対して、わが先祖はまったくのジャガイモづら。なんのつもりか目をつり上げて、たいそう力んでいる。絵巻のつくられた年代よりすると、幕末に老中をつとめた酒井忠惇《ただとう》のころのようだ。

たしかに旧家であって、蔵が二つあり、その一つにはナマクラの刀が二、三本、天井に吊るしてあった。よろい櫃に武具が納まっていたし、母屋の二階の横柱に長い槍がくくりつけてあった。

「雑兵」上がりにちがいない。先祖をたどると、はたしてどのようなお役目だったものか。御幣のようなものを捧げもっているところは、『雑兵物語』に出てくる「挟箱持」に似ている。主人の着替えなどのはいった挟箱を担ぐ役。柄の長いのをもつ役柄から、後の世に担ぐ品物が変わっただけかもしれない。長い槍を残していたところをみると、そもそものはじまりは「槍担」だったのだろうか。もしそうだったら、小頭《こがしら》からいろいろコーチを受けただろう。敵と向かい合っても、槍で突こうと思うな。

「みんなで気持ちをひとつにして、槍の穂先をそろえ、拍子をあわせて、敵の槍を上から叩きなされい」

　相手が馬に乗っていれば、敵より先に馬の胴っ腹を突くべし。槍の目釘はしっかりしめておく。普段からよくトレーニングして腰骨を鍛えておけ。

　遠い先祖はともかく、その末裔は文弱の輩ばかりだから、あんがい「草履取」あたりだったかもしれない。ご主人の草履持ち。そういえば『雑兵物語』でも、草履取の喜六兵衛が述べている。

「日本の国中が長いあいだ平和で、刀の刃を下向きに差してぬきやすくすることもなくなったこの頃は……」

見かけばかりがはやり、要するに格好だけ。とすると、わが家の蔵の刀や横柱の槍も、先祖の何代目かが見せ掛け用に手に入れ、飾っていただけではなかろうか。

『雑兵物語』の作者については、説がいくつもあるらしい。広くは「高崎城主松平信興」がいわれるが、必ずしもそうとはいいきれない。成立の年代、また作者をめぐり、諸説はいまなお定まらない。

雑兵をコーチするためのハウツー本。確かにその効用を意図して作られた。いざ合戦となると、鉄砲足軽、弓足軽、槍足軽の順で繰り出していく。旗差が控え、補給部隊が詰めている。食糧方も準備万端怠りがない。ひとつでも欠けると、そこから穴が空いて陣は総くずれ。

コーチのセリフに特徴がある。鉄砲衆には、首にひっかけた食料の袋の結び目のことから語り出した。無駄に弾丸を射つな。革袋は捨てるな。弾丸込め棒の扱い方。

「息が切れたならば、首からぶらさげた食い物袋の底に入れておいた梅干しをとり出して、ちょっと見ろ」

見るだけで、なめてはならない。なめるとのどが乾くからだ。どうしても、のどの乾きが我慢できなければ、「死んだ奴の血でも、泥水の上のきれいなところ」でもすすっていろ。

あきらかに現場で鍛えた人の言葉である。修羅場を何度もくぐってきた。冬場の戦場の凍えることも知っている。だから唐辛子をすり潰して「尻から足のつま先」まで塗っておく。ただし、その手で目をなでたりすると、「目玉がえらくうずくべいぞ」。うっかりやってしまった経験があってのことではなかろうか。

弓足軽のコーチによると、弓隊は左右に分かれて狙うのが理想だが、左右に開くだけの余地がなければ、せめて左側へ開いて、敵の右側から射ること。

「人は右から攻められると防ぎにくいもんだ」

理由は語られていないが、実戦で得た知恵に違いない。

食糧方は「荷宰料《にざいりよう》」といって、現地で補給する。逃げ出した相手方は運びきれない米や着物を、穴に隠していく。

「物を埋めてある場所だけは必ず霜が消えているものだ」

二十世紀の世界大戦中にも、部隊長は補給兵に、この種のコツを伝授していたにちがいない。

作者が誰かはわからないが、おおよその見当はつく。「高崎城主」はともかくも、それなりの身分の人がとりまとめた。お高くとまった人物ではない。身分などで分けへだてせず気さくに話ができるし、また話を聞ける。大切なことには、これぞと思う者に遠慮なく話させた。

戦場を駆け廻った戦士たちが、頭に霜をおくトシになった。何かあると昔の武勇談、また苦労話が出てくる。当人は正確に語っているつもりでも、つい大げさになり、ホラに近いものがまじってくる。

『雑兵物語』の背後には、無数の語り手がいる。足軽体験者たち、小頭として現場の指揮をとっていた者たち。功なり名をとげて、それなりの石高をいただく身となった。

そんな語り手にまじり、耳を傾けている。多少ともホラのまじった自慢話に対して、事実と誇張との識別ができる。自分も戦場の体験があって、陣幕の中だけでなく、血で血を洗う現場にいた。雑兵たちの行動や仕ぐさを見ていたし、コーチ役の伝える言葉を聞きつけていた。食べ物がなくなれば、たとえ味方でも、よその部隊の食料を奪いとる。

「のんびり鼻毛をのばしていて、味方にひんぬすまれるな」

たっぷり食いものを与えるのはよろしくない。雑兵というものは十日分の米をわたすと、九日分は酒にして呑んでしまう。

事実と誇張は区別したが、味気ないハウツーだけにしなかった。

『雑兵物語』は上下二部仕立て、一貫したつくりになっているが、微妙な違いが見てとれる。

はじめ、語り手は朝日出右衛門、夕日入右衛門、大川深右衛門、小川浅右衛門など と戯作調の名前を与えられていた。筒平、鉄平、矢左衛門、矢右衛門、喜六兵衛、弥六兵衛といった具合だ。なるたけ事実に寄り添いながら、そこに人間的な味付けをする。少々の誇張やフィクションが入ってもかまわない。殺し殺されるのが日常の戦場そのものが、途方もないフィクションに類している。事実として語っても、ホラ話としか思われないことが多々あるのだ。

前半は余裕を持って語ってきた。下になって、切迫した調子が混じってくる。

「五蔵どの五蔵どの、おまえさまのいいなさるとおり、いくさの陣中はほんとうに飢饉でござります。」

語りの口調も変わってくる。

「馬蔵馬蔵、いかにもおぬしのいうとおりだ」

「今五蔵どの、おまえさまのお話を聞いておりますと……」

「ほんとに加助どの加助どの、よい働きをされましたなあ」

元戦場組を集め、体験談を自由に語らせた具合だ。敵を仕留めて首をとるのが習いだが、下手に首をとったら、重くてそのあと働けない。そんなとき鼻だけ切り取っておく手もあるが、鼻だけだと誰の首か見分けがつかない。味方を殺して敵をやっつけたふりをしているなどと思われかねない。

主人に手柄を確認させてから、証拠の鼻を切り取り、ふつうなら鎧の胸板に入れておくところだが、自分は鎧を着ていないので、着物の懐にいれようと思ったが、それでは手柄の鼻を落っことすかもしれないと思い直して、鉄砲入れにしていた「傘袋の底」に入れ――語るうちに語り手には、記憶がまざまざと甦ってくる。手つきや表情までも見えるようだ。せっかく、鉄砲袋の底に入れておいた鼻なのに、上唇もいっしょに切り取るのを忘れていた。鼻だけで鬚が付いていないと、男の首か女の首かわからない。部下の手柄は主人の手柄でもあり、おのずと部下の失態は主人には腹立たしいかぎりである。

「蟹のように目玉とび出させて叱りなさったので、この鼻じゃ役に立たないのかとあっさり捨てた」

同じ語り手が、顔に刺さった矢のぬき方に触れている。

「この矢じりをぬく時は静かにぬけよ、勢い良くぬくと、目玉がでんぐり返るべいぞ」

当人を木にしっかりと結びつける。手でぬいてはならぬ。よろいをつくろう毛たて箸か、あるいは釘ぬきを使うこと。理由はいっさい述べてないが、今日にも通用する。工場などで鉄片が刺さったとき、応急処置はこのとおりだそうだ。手でぬこうとすると、相手の苦痛を見かねて、どうしても力が入らない。

『雑兵物語』がいつごろできたか、ほぼ断定できるのではあるまいか。「日本の国中が長いあいだ平和で」とはいえ、戦場の記憶はいまなお生々しく残っている。鼻を切り取られた首が転がり、目に矢が刺さった男の処置を現場監督が指示している。自慢げなホラ話をしようにも事実が邪魔立てをするのだ。それなりの武士になっても雑兵上がりのたくましさ、土くささ、息づかいを全身に残している。

わが先祖の属した姫路藩は、さぞかし時代に敏な家老がいたのだろう。明治維新に際して、版籍奉還奏上の第一号となった。食い扶持がなくなっても、足軽クラスは身軽である。どのような手づるによってか油屋の免許をとって燈油を商い、かなりの財をなした。次の代はランプが電燈にかわるのを見込んで土地を手に入れ、小地主におさまった。三代目で怪しくなり、四代目であらかた潰してしまった。

現当主は文学などに入れあげ、郷里にすら寄りつかない。明治初年にできた家を取り壊すにあたり、依頼をしていた人から、立派な槍が出てきたがどうしたものかと連絡があった。雑兵上がりが先祖の遺品をたいそうがるのは滑稽である。構わないからゴミとして捨ててくれと返事をした。そのとき何がなく『雑兵物語』の槍担ぎが、へんなものを背負わされた相棒を見て笑った、というくだりを思い出していた。

（『新版　雑兵物語』二〇〇六年　パロル舎より転載）

かも よしひさ（加茂嘉久）について

加茂たがね

著者の加茂嘉久は一九三二年十一月二十四日、徳島県下助任町《しもすけとうちょう》に生まれた。先祖は徳島藩主・蜂須賀家御用聞きの刀鍛冶だった。

一九四五年七月四日の徳島大空襲で祖父母と叔母、クラスメイトの四分の三を失い十二歳で終戦を迎えた。

この経験をとおして生まれた「日本人にとってのいくさとは何か」という問いに生涯かけて向き合った答えが、本書『現代語訳　雑兵物語』である。

その一方で、終世、庶民を愛し、大衆の目線で時代を見つめ描く「絵師」であることにこだわった。

庶民の暮らしをありのままに描くことは「いくさまみれの少年時代」を過ごした人間にとって「その後」の時代を記録する意味をもっていた。

一九七〇年の処女作『かもよしひさ漫画集――昭和戯作三昧』（ノーベル書房）には、その成果がいかんなく発揮されている。

加茂嘉久は俳優、声優としても活躍した。

一九五三年、俳優の西村晃の紹介で演劇作家・演出家の村山知義と出会い深く影響を受け、村山の舞台に多数出演した他、映画「狂った果実」、TVドラマ「氷点」、モノクロアニメ「パーマン」「鉄人28号」等で活躍した。

一方で漫画評論家の石子順造や、画家の松本竣介の未亡人松本禎子との交流もあった。特に「イラストのキッチュな部分は石子順造の影響」と述べている。

『昭和戯作三昧』以後、イラストレーターとして本格的に活動を開始。

週刊朝日、サンデー毎日等の雑誌、小松左京『題未定』（週刊小説／実業之日本社）、『野坂昭如の料理読本』（週刊プレイボーイ／集英社）、晩年は『歴史読本』（新人物往来社）と、社会問題からエンターテイメント、歴史に関する風俗画まで、自分の観察眼をもとに取材し、イラストをとおして時代を描きつづけた。

加茂嘉久の作品は「時代の証人でありたい」という想いの結晶であった。

近年は「石子順造世界展」（府中市美術館）、『小松左京マガジン』（小松左京事務所）、『小松左京の猫理想郷』（竹書房）で作品が展示、使用された。また、ネット上等で「加茂喜久」名義で活動していた、とする記述があるが本名の「加茂嘉久」「かもよしひさ」名義でしか活動しておらず、誤りである。

二〇一九年五月記

本書は、一九八〇年、講談社より刊行され、二〇〇六年、パロル舎より『新版　雑兵物語』として刊行された。底本としてパロル舎版を用いた。

今日の人権意識に照らして不適切な語句、表現については、時代的背景と作品価値を考慮し、そのままとした。

聞書き　遊廓成駒屋　神崎宣武

名古屋中村遊廓跡で出くわした建物取壊し。そこから著者の遊廓をめぐる探訪が始まる。女たちの隠された歴史が問いかけるものとは。（井上理津子）

宮本常一が見た日本　佐野眞一

戦前から高度経済成長期にかけて日本中を歩き、人々の生活を記録した民俗学者、宮本常一。そのまなざしと思想、行動を追う。（橋口譲二）

新 忘れられた日本人　佐野眞一

佐野眞一がその数十年におよぶ取材で出会った、無私の人、悪党、そして怪人たち。時代の波間に消えて行った忘れえぬ人々を描き出す。（後藤正治）

游侠奇談　子母澤寛

飯岡助五郎、笹川繁蔵、国定忠治、清水次郎長……正史に残らない侠客達の跡を取材し、実像に迫る、游侠研究の先駆的傑作。（松島榮一／高橋敏）

武士の娘　杉本鉞子　大岩美代訳

明治維新期に越後の家に生れ、厳格なしつけと礼儀作法を身につけた少女が開化期の息吹にふれて渡米、近代的女性となるまでの傑作自伝。

責任　ラバウルの将軍今村均　角田房子

ラバウルの軍司令官・今村均。軍部内の複雑な関係、戦地、そして戦犯としての服役。戦争の時代を生きた人間の苦悩を描き出す。（保阪正康）

一死、大罪を謝す　陸軍大臣阿南惟幾　角田房子

日本敗戦の八月一五日、自決を遂げた時の陸軍大臣。本土決戦を叫ぶ陸軍をまとめ、戦争終結に至るまでの息詰まるドラマと、軍人の姿を描く。（澤地久枝）

戦う石橋湛山　半藤一利

日本が戦争へと傾斜していく昭和前期に、ひとり敢然と軍部を批判し続けたジャーナリスト石橋湛山。壮烈な言論戦を大新聞との対比で描いた傑作。

東條英機と天皇の時代　保阪正康

日本の現代史上、避けて通ることのできない存在である東條英機。軍人から戦争指導者へ、そして極東裁判に至る生涯を通して、昭和期日本の実像に迫る。

戦場体験者　保阪正康

終戦から70年が過ぎ、戦地を体験した人々が少なくなる中、戦場の記録と記憶をどう受け継ぎ歴史に刻んでゆくのか。力作ノンフィクション。（清水潔）

五・一五事件　保阪正康
農村指導者・橘孝三郎はなぜ、軍人と共に五・一五事件に参加したのか。事件後、民衆は彼らの減刑を願った。昭和の歴史の教訓とは。（長山靖生）

戦中派虫けら日記　山田風太郎
〈嘘はつくまい。嘘の日記は無意味である〉。戦時下、明日の希望もなく、心身ともに飢餓状態にあった若き風太郎の心の叫び。（久世光彦）

同日同刻　山田風太郎
太平洋戦争中、人々は何を考えどう行動していたのか。敵味方の指導者、軍人、兵士、民衆の姿を膨大な資料を基に再現。（高井有一）

富岡日記　和田英
ついに世界遺産登録。明治政府の威信を懸けた官営模範器械製糸場たる富岡製糸場。その工女となった「武士の娘」の貴重な記録。（斎藤美奈子／今井幹夫）

ハーメルンの笛吹き男　阿部謹也
「笛吹き男」伝説の裏に隠された謎はなにか？　十三世紀ヨーロッパの小さな村で起きた事件を手がかりに中世における「差別」を解明。（石牟礼道子）

自分のなかに歴史をよむ　阿部謹也
キリスト教に彩られたヨーロッパ中世社会の研究で知られる著者が、その学問的来歴をたどり直すことを通して描く〈歴史学入門〉。（山内進）

逃走論　浅田彰
パラノ人間からスキゾ人間へ、住む文明から逃げる文明への大転換の中で、軽やかに〈知〉と戯れるためのマニュアル。

純文学の素　赤瀬川原平
まわりにあるありふれた物体、出来事をじっくり眺めると不思議な迷路に入り込む。「超芸術トマソン」前史ともいうべき「体験」記。（久住昌之）

パラノイア創造史　荒俣宏
悪魔の肖像を描いた画家、地球を割ろうとした男、新文字を発明した人々など、狂気と創造のはざまを生きた偉大なる〈幻視者〉たちの魅惑の文化史。

ナショナリズム　浅羽通明
新近代国家日本は、いつ何のために、創られたのか。日本ナショナリズムの起源と諸相を十冊のテキストを手がかりとして網羅する。（斎藤哲也）

建築の大転換 増補版　伊東豊雄／中沢新一
いま建築に何ができるか。震災復興、地方再生、エネルギー改革などの大問題を、第一人者たちが説き尽くす。新国立競技場への提言を増補した決定版！

その後の慶喜　家近良樹
幕府瓦解から大正まで、若くして歴史の表舞台から姿を消した最後の将軍の〝長い余生〟を近しい人間の記録を元に明らかにする。（門井慶喜）

「月給100円サラリーマン」の時代　岩瀬彰
物価・学歴・女性の立場――。豊富な資料と具体的なイメージを通して戦前日本の「普通の人」の生活感覚を明らかにする。（パオロ・マッツァリーノ）

漢字とアジア　石川九楊
中国で生まれた漢字が、日本（平仮名）、朝鮮（ハングル）、越南（チューノム）を形づくった。鬼才の書家が巨視的な視点から語る二千年の歴史。

9条どうでしょう　内田樹／小田嶋隆／平川克美／町山智浩
「改憲論議」の閉塞状態を打ち破るには、「虎の尾を踏むのを恐れない」言葉の力が必要である。四人の書き手によるユニークな洞察が満載の憲法論！

武道的思考　内田樹
「いのちがけ」の事態を想定し、心身の感知能力を高める技法である武道には叡智が満ちている！　気持ちがシャキッとなる達見の武道論。（安田登）

隣のアボリジニ　上橋菜穂子
大自然の中で生きるイメージとは裏腹に、町で暮らすアボリジニもたくさんいる。そんな「隣人」アボリジニの素顔をいきいきと描く。（池上彰）

弾左衛門と江戸の被差別民　浦本誉至史
浅草弾左衛門を頂点とした、花の大江戸の被差別民の世界に迫る。ごみ処理、野宿者の受け入れなど現代にも通じる都市問題が浮かび上がる。（外村大）

熊を殺すと雨が降る　遠藤ケイ
山で生きるには、自然についての知識を磨き、己れの技量を謙虚に見極めねばならない。山村に暮らす人びとの生業、猟法、川漁を克明に描く。

世界史の誕生　岡田英弘
世界史はモンゴル帝国と共に始まった。東洋史と西洋史の垣根を超えた世界史を可能にした、中央ユーラシアの草原の民の活動。

日本史の誕生　岡田英弘

「倭国」から「日本国」へ。そこには中国大陸の大きな政治のうねりがあった。日本国の成立過程を東洋史の視点から捉え直す刺激的論考。

倭国の時代　岡田英弘

世界史的視点から「魏志倭人伝」や「日本書紀」の成立事情を解明し、卑弥呼の出現、倭国王家の成立、日本国誕生の謎に迫る意欲作。

よいこの君主論　架神恭介　辰巳一世

戦略論の古典的名著、マキャベリの『君主論』が、小学校のクラス制覇を題材に楽しく学べます。学校、職場、国家の覇権争いに最適のマニュアル。

仁義なきキリスト教史　架神恭介

イエスの活動、パウロの伝道から、叙任権闘争、十字軍、宗教改革まで——。キリスト教二千年の歴史が果てなきやくざ抗争史として蘇る！（石川明人）

戦国美女は幸せだったか　加来耕三

波瀾万丈の動乱時代、女たちは賢く逞しかった。武将の妻から庶民の娘まで。戦国美女たちの素晴らしい生き様が、日本史をつくった。文庫オリジナル。

きよのさんと歩く大江戸道中記　金森敦子

江戸時代、鶴岡の裕福な商家の内儀・三井清野のゴージャスでスリリングな大観光旅行。総距離約２４２０キロ、旅程１０８日を追体験。（石川英輔）

座右の古典　鎌田浩毅

読むほどに教養が身につく！　古今東西の必読古典50冊を厳選し項目別に分かりやすく解説。京大人気教授が伝授する、忙しい現代人のための古典案内。

「幕末」に殺された女たち　菊地明

黒船来航で幕を開けた激動の時代に、心ならずも命を落としていった22人の女性たちを通して描く、もうひとつの幕末維新史。文庫オリジナル。

哀しいドイツ歴史物語　菊池良生

どこで歯車が狂ったのか。何が運命の分かれ道だったのか。歴史の波に翻弄され、虫けらのごとく捨てられていった九人の男たちの物語。（鎌田實）

闇屋になりそこねた哲学者　木田元

原爆投下を目撃した海軍兵学校帰りの少年は、ハイデガーとの出会いによって哲学を志す。自伝の形を借りたユニークな哲学入門。（与那原恵）

名画の言い分　木村泰司

「西洋絵画は感性で見るものではなく読むものだ」。斬新で具体的なメッセージを豊富な図版とともにわかりやすく解説した西洋美術史入門。（鴻巣友季子）

現代人の論語　呉智英

革命軍に参加⁉　王妃と不倫⁉　孔子とはいったい何者なのか？　論語を読み抜くことで浮かび上がる孔子の実像。現代人のための論語入門・決定版！

つぎはぎ仏教入門　呉智英

知ってるようで知らない仏教の、その歴史から思想的な核心までを、この上なく明快に説く。現代人のための最良の入門書。二篇の補論を新たに収録！

吉本隆明という「共同幻想」　呉智英

熱狂的な読者を生んだ吉本隆明。その思想は「正しく」読み取られていただろうか？　難解な吉本思想の核心を衝き、特異な読まれ方の真実を説く！

考現学入門　今和次郎　藤森照信編

震災復興後の東京で、都市や風俗への観察・採集からはじまった〈考現学〉。その雑学の楽しさを満載し、新編集でここに再現。（藤森照信）

江藤淳と大江健三郎　小谷野敦

大江健三郎と江藤淳は、戦後文学史の宿命の敵同士として知られた。その足跡をたどりながら日本の文壇・論壇を浮き彫りにするダブル伝記。（大澤聡）

レトリックと詭弁　香西秀信

「沈黙を強いる問い」「論点のすり替え」など、議論に仕掛けられた巧妙な罠に陥ることなく、詐術に打ち勝つ方法を伝授する。

独特老人　後藤繁雄編著

埴谷雄高、山田風太郎、中村真一郎、淀川長治、水木しげる、吉本隆明、鶴見俊輔……独特の個性を放つ思想家28人の貴重なインタビュー集。

紅一点論　斎藤美奈子

「男の中に女が一人」は、テレビやアニメで非常に見慣れた光景である。その「紅一点」の座を射止めたヒロイン像とは⁉（姫野カオルコ）

「日本人」力　九つの型　齋藤孝

個性重視と集団主義の融合は難問のままである。著名な九人の生き方をたどり、「少年力」や「座禅力」などの「力」の提言を通して解決への道を示す。

生き延びるためのラカン　斎藤環
幻想と現実が接近しているこの世界で、できるだけリアルに生き延びるためのラカン解説書にして精神分析入門書。カバー絵・荒木飛呂彦（中島義道）

増補 転落の歴史に何を見るか　齋藤健
奉天会戦からノモンハン事件に至る34年間、日本は内発的改革を試みたが失敗し、敗戦に至った。近代史を様々な角度から見直し、その原因を追究する。

桜のいのち庭のこころ　佐野藤右衛門 塩野米松聞き書き
花は桜の最後の仕事なんですわ。花を散らして初めて芽が出て一年間の営みが始まるんです——桜守と呼ばれる男が語る、桜と庭の尽きない話。

学問の力　佐伯啓思
学問には普遍性と同時に「故郷」が必要だ。経済用語に支配され現実離れしてゆく学問の本質を問い直し、体験を交えながら再生への道を探る。（猪木武徳）

禅談　澤木興道
「絶対のめでたさ」とは何か。「自己に親しむ」とはどういうことか。俗に媚びず、語り口はあくまで平易。厳しい実践に裏打ちされた迫力の説法。

混浴と日本史　下川耿史
古くは常陸風土記にも記された混浴の様子。宗教や売春とのかかわりは？　太古から今につづく史上初の混浴文化史。図版多数。（ヤマザキマリ）

映画は父を殺すためにある　島田裕巳
〝通過儀礼〟で映画を分析することで、隠されたメッセージを読み取ることができる。宗教学者が教える、ますます面白くなる映画の見方。（町山智浩）

なぜ日本人は戒名をつけるのか　島田裕巳
多くの人にとって実態のわかりにくい〈戒名〉。宗教と葬儀の第一人者が、奇妙な風習の背景にある日本仏教と日本人の特殊な関係に迫る。（水野和夫）

木の教え　塩野米松
かつて日本人は木と共に生き、木に学んだ教訓を受け継いできた。効率主義に囚われた現代にこそ生かしたい「木の教え」を紹介。（丹羽宇一郎）

手業に学べ 心　塩野米松
失われゆく手仕事の思想を体現する、伝統職人の聞き書き。「心」は斑鳩の里の宮大工、秋田のアケビ蔓細工師など17の職人が登場、仕事を語る。

手業に学べ　技　塩野米松

伝統職人たちの言葉を刻みつけた、渾身の聞き書き。「技」は岡山の船大工、福島の野鍛冶、東京の檜皮葺き職人など13の職人が自らの仕事を語る。

星の王子さま、禅を語る　重松宗育

『星の王子さま』には、禅の本質が描かれている。住職でアメリカ文学者でもある著者が、難解な禅の哲学を指南するユニークな入門書。（西村惠信）

被差別部落の伝承と生活　柴田道子

半世紀前に五十余の被差別部落、百人を超える人々から行なった聞書集。暮らしや民俗、差別との闘い。語りに込められた人々の思いとは。（横田雄一）

江戸へようこそ　杉浦日向子

江戸人と遊ぼう！　北斎も、源内もみ〜んな江戸のワタシラだ。江戸人に共鳴する現代の浮世絵師が、イキイキ語る江戸の楽しみ方。（泉麻人）

大江戸観光　杉浦日向子

はとバスにでも乗った気分で江戸旅行に出かけてみましょう。歌舞伎、浮世絵、狐狸妖怪、かげま……。名ガイドがご案内します。（井上章一）

ぼくが真実を口にすると　吉本隆明88語　勢古浩爾

吉本隆明の著作や発言の中から、とくに心に突き刺さったフレーズ、人生の指針となった言葉を選び出し、それを手掛かりに彼の思想を探っていく。

ことばが劈《ひら》かれるとき　竹内敏晴

ことばとこえとからだと、それは自分と世界との境界線だ。幼時に耳を病んだ著者が、いかにことばを回復し、自分をとり戻したか。

「自分」を生きるための思想入門　竹田青嗣

なぜ「私」は生きづらいのか。「他人」や「社会」をどう考えたらいいのか。誰もがぶつかる問題を平易な言葉で哲学し、よく生きるための〝技術〟を説く。

春画のからくり　田中優子

春画では、女性の裸だけが描かれることはなく、男女の絡みが描かれる。男女が共に楽しんだであろう性表現に凝らされた趣向とは。図版多数。

江戸百夢　田中優子

世界の都市を含みこむ「るつぼ」江戸の百の図像（手拭いから彫刻まで）を縦横無尽に読み解く。平成12年度芸術選奨文部科学大臣賞、サントリー学芸賞受賞。

張形と江戸女　田中優子

江戸時代、張形は女たち自身が選び、楽しむものだった。江戸の大らかな性を春画から読み解く。図版追加。カラー口絵4頁。　（白倉敬彦）

カムイ伝講義　田中優子

白土三平の名作漫画『カムイ伝』を通して、江戸の社会構造を新視点で読み解く。現代の階層社会の問題が見えると同時に、エコロジカルな未来も見える。

戦前の生活　武田知弘

軍国主義、封建的、質素倹約で貧乏だったなんてウソ。意外で驚きなトピックが満載。夢と希望に溢れ、ゴシップに満ちた戦前の日本へようこそ。

「読まなくてもいい本」の読書案内　橘玲

時間は有限だから「古いパラダイムで書かれた本」は捨てよう！　「今、読むべき本」が浮かび上がる驚きの読書術。文庫版書下しを付加。　（吉川浩満）

伝達の整理学　外山滋比古

大事なのは、知識の詰め込みではない。思考をいかに伝達するかである。ＡＩに脅かされる現代人の知のあるべき姿を提言する、最新書き下ろしエッセイ。

美少年学入門　増補新版　中島梓

少年――それはひとつの思想である。マンガ、小説、映画、現実……世のすべての事象を手がかりに、あるべき美少年の姿を徹底的に論じつくす。

人生を〈半分〉降りる　中島義道

哲学的に生きるには〈半隠遁〉というスタイルを貫くしかない。「清貧」とは異なるその意味と方法を、自身の体験を素材に解き明かす。　（中野翠）

哲学の道場　中島義道

哲学は難解で危険なものだ。しかし、世の中にはこれを必要とする人たちがいる。――死の不条理への問いを中心に、哲学の神髄を伝える。　（小浜逸郎）

ヒトラーのウィーン　中島義道

最も美しいものと最も醜いものが同居する都市ウィーンで、二十世紀最大の「怪物」はどのような青春を送り、そして挫折したのか。　（加藤尚武）

暴力の日本史　南條範夫

上からの暴力は歴史を通じて常に残忍に人々を苦しめてきた。それに対する庶民の暴力はいかに興り敗れてきたか。残酷物の名手が描く。　（石川忠司）

古城秘話　南條範夫

城の歴史は凄絶な人間絵巻である。――北は松前城から南は鹿児島城まで全国30の古城にまつわる伝説を鮮やかな語りでよみがえらせる。（伊東潤）

世界漫遊家《グローブトロッター》が歩いた明治ニッポン　中野明

開国直後の明治ニッポンにあふれる冒険心を持って訪れた外国人たち。彼らの残した記録から「神秘の国」の人、文化、風景が見えてくる。（宮田珠己）

江戸の大道芸人　中尾健次

江戸の身分社会のなかで、芸人たちはどのような扱いを受け、どんな芸をみせていたのだろうか？　被差別民と芸能のつながりを探る。（村上紀夫）

証言集　関東大震災の直後　朝鮮人と日本人　西崎雅夫編

大震災の直後に多発した朝鮮人への暴行・殺害。芥川龍之介、竹久夢二、折口信夫ら文化人、子供や市井の人々が残した貴重な記録を集大成する。

昭和史探索（全6巻）　半藤一利編著

名著『昭和史』の著者が第一級の史料を厳選、抜粋。時々の情勢や空気を一年ごとに分析し、書き下ろしの解説を付す。《昭和》を深く探る待望のシリーズ。

現代語訳　文明論之概略　福澤諭吉　齋藤孝訳

「文明」の本質と時代の課題を、鋭い知性で捉え、巧みな文体で説く。福澤諭吉の最高傑作にして近代日本を代表する重要著作が現代語でよみがえる。

誰も調べなかった日本文化史　パオロ・マッツァリーノ

土下座のカジュアル化、先生という敬称の由来、全国紙一面の広告。――イタリア人(自称)戯作者が、資料と統計で発見した知られざる日本の姿。

日本の村・海をひらいた人々　宮本常一

民俗学者宮本常一が、日本の山村と海、それぞれに暮らす人々の、生活の知恵と工夫をまとめた貴重な記録。フィールドワークの原点。（松山巖）

僕は考古学に鍛えられた　森浩一

小学生時代に出会った土器のかけら、中学時代の遺跡探訪……数々の経験で誘われた考古学への魅力をあますところなく伝える自伝的エッセイ。

島津家の戦争　米窪明美

薩摩藩の私領・都城島津家に残された日誌を丹念に読み解き、幕末・明治の日本を動かした最強武士団の実像に迫る。薩摩から見たもう一つの日本史。

ちくま文庫

現代語《げんだいご》訳《やく》　雑兵《ぞうひょう》物語《ものがたり》

二〇一九年七月十日　第一刷発行

訳・画　かも よしひさ

発行者　喜入冬子

発行所　株式会社 筑摩書房

東京都台東区蔵前二―五―三　〒一一一―八七五五

電話番号　〇三―五六八七―二六〇一（代表）

装幀者　安野光雅

印刷所　凸版印刷株式会社

製本所　凸版印刷株式会社

ISBN978-4-480-43605-4　C0121